明天的電
核去核從

聯合報編輯部
——企劃採訪

目次

序

《聯合晚報》社長　羅國俊

從二〇一三年五月，聯合報系決定製作「明天的電，核去核從」調查採訪，到今年三月推出這套報導，回過頭打開手機輸入「核電會議」，行事曆中跳出二十幾個項目。這十個月，從政府積極準備推動核四公投，到公投熱潮逐漸冷卻，但贊成與反對核四者，更為壁壘分明，無溝可通。國會陷入僵局，不耐的民眾因為各種各樣的訴求，接連上街，服貿、核四已經沒有論理的空間，轉為街頭力量的展示。

這段期間，聯合報系參與核電會議的一群人，心中不免疑惑，公投看來是不可能了，這套「明天的電，核去核從」的調查報導還要繼續下去嗎？

我們當然心裡有數，做這套規模空前的採訪計畫，要花多少預算？又能回收幾許？其實，連計算機都不必敲，就知道我們在做一件不划算的「傻事」。聯合報系派出記者到日本、德國、法國、英國、美國五個國家跨國採訪，每個國家要派出報紙文字、攝影記者，加上聯合報電視台udn tv的文字與攝影記者，就是四個人，總共接近二十人，這筆差旅費就是幾百萬。

除了第一線採訪，聯合報系製作「明天的電，核去核從」，更動員了跨媒體的能量。報紙有聯合報、經濟日報、聯合晚報，加上udn tv、聯合新聞網、平板及手機行動載具，這又是更龐大的人力、物力投入。

其中，派去日本的同事第一次未能進入福島核災區，農曆年過完，他們又準備再次前往。負責日本採訪的記者王茂臻說，「真抱歉，第一次沒完成任務，這次去我自己負擔差旅費。」

開玩笑！福島核輻射劑量超標，同事必須穿著密不透風的防護衣，冒健康風險深入險境。我們原本根本不敢要求同事做此犧牲，但他們為了前往第一現場採訪，堅持只要防護得當，不致有危險。對這樣敬業而可愛的新聞工作者，怎麼可能讓他們自己墊錢！

於是，在做好必要的防護準備，連相機都要包裹得嚴嚴實實後，聯合報系的採訪團過完農曆年再次前往日本，這次直接進入福島核電廠區，成為台灣唯一獲准進入福島現場採訪的媒體。

這次跨國度、跨媒體的調查採訪，可說是台灣媒體規模空前的一次計畫，但也的確是一件「傻事」，因為我們從來沒有估計這套報導會為聯合報系帶進一塊錢廣告。當台灣媒體在做羶色腥新聞，電視名嘴越來越像綜藝咖，經營媒體的思維都是收視率、閱讀率掛帥，都只看廣告價碼的時候，願意做這種「傻事」的媒體恐怕不多了。

堅持做傻事的是聯合報系董事長王文杉。當行政院宣布要以公投決定核四前途後，他就在報系會議中表示，核四的利弊得失，人民掌握的資訊太少，很難理性做出決定。關係台灣能源政策這麼重大的問題，社會溝通卻如此不足，「如果現在（去年）要我投下公投一票，我不知道該怎麼投。」因為不建立在足夠知識基礎上的公投選擇，只依照情緒或黨派立場投票，是沒有意義的。

於是，在去年底公投幾乎無人再提的時刻，王董事長仍然主張完成採訪，提供民眾完整的資訊，以及各國對核電或迎或拒的原因。目的只有一個：若有一天，我們走進投票所，為核四存廢投下一票時，都清楚知道自己這一張票的意義與影響。

執行「明天的電，核去核從」採訪計畫，從開始我們就決定基本態度：對於核電問題，或者說核四問題，我們謹守媒體客觀公正立場，不預設結論，而是充分提供資訊，判斷則交給公民。

隨著計畫推進，同事從國外採訪歸來，報導的主軸逐漸確定：

一、福島事件後，有的國家堅定了廢核的決心；有的國家則經過仔細思辨，考慮核電電價較低，使用煤、石油等化石燃料帶來的氣候變遷確定無疑，核電排碳低，反而對環境衝擊較小，決定依然將核電納為能源組合。但無論對核電的決策如何，都不是非黑即白的選擇題，而是複雜的申論題。

二、台灣最終對核四的存廢決定，都伴隨一大堆工作要做。若同意核四興建，有安全、核廢等等大量問題要解決，記者盧沛樺的法國採訪更告訴我們，法國核電比例全球最高，他們的政府與核電廠是如何透明與頻密地與人民溝通。

即使停建核四，也不是從此幸福美滿。從記者江睿智的德國採訪，可預見電費必然上漲，用不起電的「能源貧民」越來越嚴重，節電必須是我們的新生活方式。而且，德國在歐洲的共同電網中，再生能源發電不足，還可以從法國的核電得到補充，但台灣屬於獨立電網，我們別無依恃。

三、如果公投核四，不代表問題的結束，而是在公投結果出來的當晚，就是政府與全民行動的開始。這絕非「我是人，我反核」或者「拚經濟，要核四」，這類簡單訴求可以一言概括。

其實，經過這次聯合報系的調查採訪，除了探查核電問題外，我們更深的感受是，什麼時候台灣對於公共政策的討論可以奠基於科學、理性？什麼時候我們不再迷惑於簡單誘人的口號，而能做深度的研究？什麼時候持不同意見者能夠彼此傾聽？什麼時候媒體能善盡職守，針對公共利益客觀不懈的紮實報導？

「明天的電，核去核從」報導完成後，我們決定將受限篇幅不能完整呈現的內容，結集成此書，希望能對爭辯卅年的核四問題做一次最翔實的探索。此書籌編期間發生反服貿學運、核四封存等大事。短短數月，台灣似乎變了，除了街頭，我們還有理性論辯的空間嗎？

希望這本書能讓讀者暫離喧囂，冷靜思考台灣的未來、核電的未來。如果有一天我們要對核四公投，走進投票所時，都能自信地說：我知道為何投下這一票，我準備好承擔結果，負起責任。

二〇一四年五月十四日

Chapter 1

借鏡國外，理性對話

核安沒有百分百，資訊透明是王道

二〇一一年的福島核災是近年全球核電廠核安管制的轉捩點，最大的差別是，電力公司不再宣揚核電廠是百分之百安全，而是要盡力追求百分之百的安全。

福島核災讓日本國內反核聲浪攀升至史上最高峰，近期日本國內民調顯示，反對核電廠重啟的比例仍高達六成以上。

日法核安，都講資訊透明

日本原子力前委員秋庭悅子指出，對核安的信心一旦流逝，就必須花費很長時間，一點一滴的重新贏得民眾的認同，其中的關鍵在於「資訊透明」。

在三一一大地震前，日本官方與電力公司對核安信心十足，但福島核災扭轉了民眾對核電廠的信心。秋庭悅子說，沒有百分之百安全的核電廠，政府與電力公司應該明白告訴民眾，核電所有潛在的風險。

法國四分之三的電力來自核能，但法國核能安全署（ASN）前署長拉寇斯特（Andre-Claude Lacoste）說：「公民應該知道核能是危險的。」

法國核能安全署前身是原子能及再生能源署（CEA）的下級單位，二〇〇六年法國「核能安全與透明化」法案通過後，賦予獨立機關地位，逕行向國會報告。法案裡明文規定營運商資訊透明的義務，並賦予民間團體隨行入廠調查的權利，讓民意實質監督更上一層樓。

「有人說我們是拿錢專門來說不，我們是拿了錢，但我們有能力說不，」拉寇斯特口中的「有能力」，是指監管機關的專業度，從核安管制到輻射防護，都不必仰賴營運商的資訊，自行調查、評估，否決營運商不合理的要求。

二〇一一年的福島核災對正在復甦的美國核電業造成不小衝擊，核電業者因此共同提出緊急應變計畫，設想各種可能發生的緊急狀況，備妥可攜帶式的應變設備，避免核反應爐受損導致輻射外洩。

為了做好備份後援，核電業者也在田納西州的曼菲斯和亞利桑那州的鳳凰城成立區域中心，當災難發生時，核電業者可以向較近的區域中心求援，利用卡車、飛機把更多緊急救援設備送往受災核電廠。

區域中心擁有多組核電緊急設備和重型裝備，包括足以為核電廠緊急冷卻系統注入電力的大型緊急發電機、處理冷卻水的裝備，以及工作人員的額外輻射保護裝備。

英國核安，最怕恐怖攻擊

英國由於幾乎沒有地震、海嘯等問題，即使住在核電廠附近的居民，都不太擔心核電廠的安全問題；但是，由於英國可能是恐怖攻擊目標之一，核電廠一旦成為攻擊目標，比大自然災害為核電廠帶來的可能後果更為嚴重。

英國使用核電已超過半世紀，但在超過五世紀的歷史裡，英國沒有出現過大地震；兩百多年來也未見海嘯襲擊英國，雖然在氣候變遷出現極端氣候現象，但英國人多半認為，沒有地震與海嘯，核電廠可能存在的天然災害並不會發生。

二〇一三年的民調就顯示，四十五％的英國民眾會擔心核電廠的安全性問題，但同時有四十四％民眾相信，如果處理妥當，可以安心使用核電。

德國核安，不因廢核減損

德國比布利斯（Biblis）原野上矗立兩顆水泥巨蛋和四座高聳冷卻塔，是拆卸中的比布利斯核電廠，它們將平靜地從地平面消失。二〇一一年宣布廢核時，鎮長柯奈里高（Hildegard Cornelius-Gaus）說，比布利斯是德國最老核電廠，任何決策我們第一個受影響，「只是沒想到來得那麼快！」

她說，比布利斯當地居民絕大多數支持核電廠；因為當地居民有很多人是在核電廠工作，「我們相信自己工作專業與態度」，知道它是很安全的；福島事件後，德國對核電廠陷入一股情緒中，事實上德國核電廠是全世界最安全，不只核安管理好，也沒有發生地震海嘯地理條件。

德國「核子論壇」公共事務主管溫德勒（Nicolas Wendler）說，在日本三一一福島事件後，德國對所有核電廠進行一次大體檢，沒有一座機組有任何安全疑慮。事實上德國在二〇一一年關掉的八部機組，比國外任何一座核電廠都要安全。

他表示，德國廢核是政治決定，不是核安問題。德國核能因為技術成熟，在世界上占有一定名聲與地位，即便德國不用核能，但德國核能公司及產業具有世界競爭力。

台灣核安，信任危機難除

相較於日本與法國等國加強向民眾溝通核能的風險，環團批評政府與台電則是處處宣揚核電安全，並誇大斷然處置措施的功效。

台灣四座核電廠都受到活動斷層或海嘯的威脅，北部核一、核二廠附近有山腳斷層，一八六七年，附近基隆曾發生高達十三公尺的海嘯；南部的核三廠有恆春斷層，一七二一年，附近的台南與高雄也曾出現海嘯。

環團指出，台灣在世界地震災害地圖上被列為最危險的區域，因為台灣附近七級以上的地震頻傳，人口密度又高，過去在台灣發生的地震或海嘯，都造成重大災情。

至於核四，經濟部長張家祝說，安檢過程中若發現問題，就會改善到好為止。綠色公民行動聯盟理事長賴偉傑卻指出，核四內部的安全問題複雜難解，外部環境又面臨多重威脅，「公投與安檢，不會讓核四變安全」。

政府並不是以發展再生能源來取代核能，而是以火力發電取而代之；特別是用電量最大的北部地區，勢必得增建新的天然氣發電廠，我國火力發電的占比將不減反增，對台灣空氣品質、民眾健康都構成嚴重威脅。

台電評估，若全面廢核，台灣天然氣發電比重必然要從目前的三成快速拉高到五成，不但將重蹈過去兩年日本停止核電改用天然氣發電，耗費大量的外匯採購天然氣，且天然氣碳排放的問題，將使我國碳排放的問題雪上加霜。

以火力取代核能的最大風險是空氣汙染。世界核能協會秘書長阿格妮塔・瑞新引用世界衛生組織（WHO）的統計說，全球每年有三百萬人早逝可歸因於空氣汙染，主要原因就是火力發電。

綠色公民行動聯盟副秘書長洪申翰批評，政府不應把核四公投與現有核電廠延役、以及用火力發電取代核電掛鉤處理，「民眾反核四，不代表支持現有核電廠延役」。

廢核 vs. 經濟，攸關生存的兩難

用什麼能源發電？對每個國家來說都是重要而關鍵抉擇。因為電價攸關人民荷包與生活，影響產業競爭力，以及最後能否在殘酷而激烈的國際競爭中，求得國家和民族的生存與發展。

核災恐慌，日本陷入艱難抉擇

福島核災後陷入恐核情緒的日本，對於是否繼續或停止使用核電，面臨極為艱難、痛苦的抉擇。

日本核能大老、前眾議員後藤茂指出，日本政府對核電的取捨，必須同時考量「（核能）安全」與「經濟（安定）」，他表示日本的零核電是建立在一個非常勉強的基礎上：「（零核電）能支持多久大有疑問」。

後藤茂以台灣引以為傲的晶圓代工業為例，「穩定供電是台灣晶圓代工成功的必備條件之一，日本也一樣，必須兼顧核能安全與經濟的安定」。他認為零核電無法解決日本當前的能源供給問題，多數理性的日本國民會慢慢認清日本需要核電的現實。

日本原子力前委員秋庭悅子說，核能安全很重要，但日本經濟也很重要，「日本不只取一邊，而是要取得平衡。」

日本學者寺島實郎說，「日本不像歐洲國家，可以仰賴他國供電」，日本要擁有能源主控權，「發電配比要追求一種平衡感」。

電價高漲，德國中小企業苦撐

日本福島事件後，德國則是堅定地選擇廢核，即便德國人民承擔著高電價。德國民生電價是歐洲第二高，僅次丹麥，二〇一三年每度電達二十八．七三歐分（折合新台幣十一．五元），是台灣三．七倍；亦較二〇〇〇年成長一倍餘。

高電價在德國已成政治議題。德國四大輸電網營運公司宣布，今年電價帳單上再生能源附加費，每度將調升〇．九六歐分，對於一年使用三千五百度的三口之家來說，將增加三十四歐元電費。另外，今年電網附加費也將持續調漲。

面對高電價，德國企業，尤其是中小企業亦苦不堪言。德國工業電價因享有稅金減免，在歐洲國家屬中段班。二〇一三年工業電價為每度十三．三四歐分（折合約新台幣五．三四元），是住宅電價的一半；若和二〇〇〇年相較，成長一百三十．四%。

德國工商總會（DIHK）能源及氣候政策組長薄萊（Sebastian Bolay）表示，過去十年來因發展再生能源，企業電費負擔翻一倍，中小企業忍受電價已到達極限了，也為能源轉向付出代價。他並指出，有二十五%德國製造業者計畫減少國內投資，並將部分產能往外移。

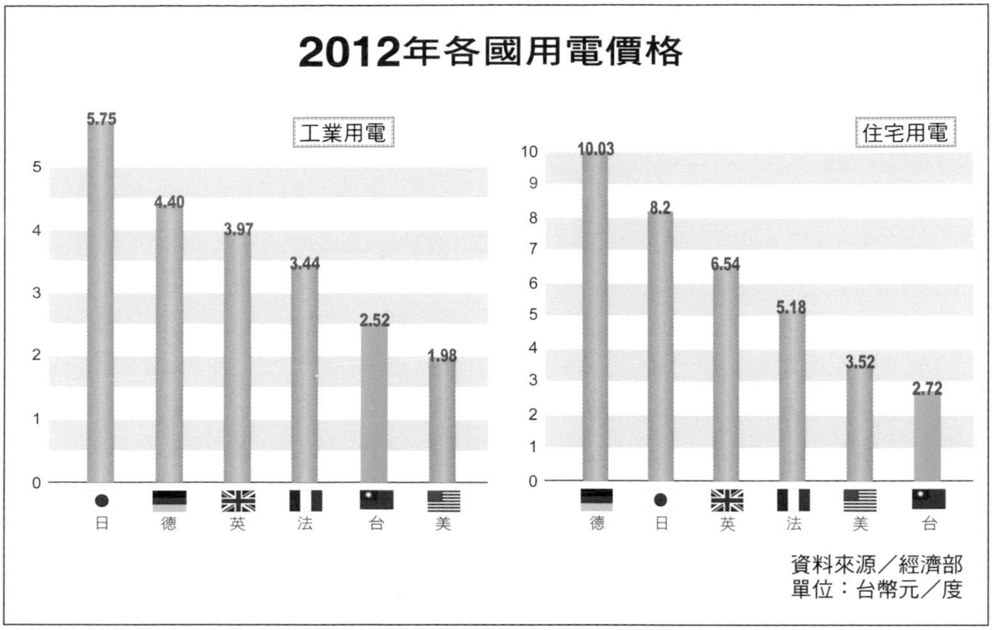

然而，即便飽受高電價之苦，扛著綠電二十年保證收購的巨大包袱，根據民調顯示，有高達八成民眾仍支持能源轉向。

「二〇二二年一定要廢核。」五十六歲裁縫師傅領班洛夫堅決地說，「為了廢核而導致電價高漲，是可以接受的，就像吃東西一樣，吃什麼選什麼，選擇品質較好的，就比較貴。」他認為，「若是對環境好，以德國目前電價不算高。」

德國廢核，已然沒有回頭路。德國聯邦網路局長荷曼（Jochen Homann）說，「廢核已花掉大把銀子，最艱難的是如何有效率地達成，讓大家少付一點錢」。

「德國宣布非核後，成本增加約一兆歐元，嚴重影響企業的競爭力，這肯定是法國企業不願見到的劇本。」法國企業雇主協會（MEDEF）秘書長吉爾伯（Michel Guilbaud）說。

核能工業，左右法國經濟命脈

事實上，要是法國走上除核之路，代價恐怕比德國更大。一方面是瞬間減少四分之三的穩定電力來源，問題將接踵而來：其他電力是否及時補足缺口？民眾與產業是否承受得起高漲的電價？另外，環繞著核工業的四十萬個直接間接就業機會，包括營建外包商、周邊零配件工廠、硬體維修與檢測等，更將遭逢衝擊。

根據國際能源總署的資料顯示，法國二〇一二年的民生用電是五．一八元，工業用電是三．四四元，均低於歐盟平均值七．九六和四．八八元（以上皆為新台幣）。「法國的條件不比其他國家好，例如高工資和高稅制的環境。」吉爾伯說。言下之意，核能提供穩定、廉價的電力，左右了法國企業的國際競爭力。

二〇一三年底，政府挺核動作頻頻，包括支持核工業成立「法國核能出口產業協會」（AIFEN），並在法國總理埃羅（Jean-Marc Ayrault）率隊下，前往中國大陸拜訪官員，拓展核電的合作機會。一如全球核電龍頭亞瑞華集團資深行銷副總裁樂步雪（Isabelle Leboucher）所說，長期外銷的核能技術，讓核工業成為法國的資產，並建立正面的國家形象。

電價民怨，英國揮之不去夢魘

英電價幾乎逐年調漲，過去十年電費增加將近一倍，成為一大民怨，六大電力公司是否賺太多，更是普羅大眾最關心的能源議題。

英國電力市場早在二十世紀就全面自由化，目前主要有六大電力公司，民眾跟企業都可自由選擇；以每度電費家庭用電台幣約六．八元，工業用電四‧二元來說，在歐盟國家中，還稱不上是高電價國家。

但是，英國多數民眾並不這麼想，雖然多數家庭還是負擔得起，每個月的電費加瓦斯費帳單，平均占一般家用支出不到兩成；每年電力公司宣布要調漲電價時，新聞媒體便開始分析，會有多少人因為付不起暖氣費用而凍死。

除了民眾和企業對電的需求量越來越大，交通工具的耗電量也逐年增加，不只是火車由電力取代其他傳統能源，連倫敦市區觀光景點之一的計程車，都計畫要全面改用電動車、以減少汽車的廢氣汙染。

便宜電價，美國工業競爭優勢

提供穩定的電力及具有競爭力的電價，不只是英國的挑戰，即便境內發現大量頁岩氣的美國，也為了能源價格上的競爭優勢，採用各種能源發電，包括核能。根據國際能源總署（IEA）歷年來數據顯示，美國電價在全球來說相對便宜。以二〇一二年的數據為例，美國的住宅用電平均電價每度約台幣三‧五一元，在全球第七低；工業用電每度約台幣一‧九八元，是全球第二低。

美國大量供電提供基載電力的能源有四種，包括煤、石油、天然氣與核能。煤是主要供電來源，二〇一二年佔全國各種能源發電比四十二%，與核能一樣都是相對穩定的供電來源，但以每度電的生產成本來看，核能又比煤更便宜。

美國沒有因福島核災而調整發電策略，但台灣卻因受災的日本鄰近在側，對核能產生空前的恐懼，進而對核四是否商轉，產生兩極的看法。

缺電問題，台灣廢核無可迴避

廢核及能源轉向不是免費的午餐，台灣人民要付出多少代價，以及要啟動那些相對應的可行策略，一直以來未獲得重視與討論。

首先，核四工程進度已達九十五%，已投資兩千八百三十八億元，一旦廢棄不用，將由納稅人共同承擔，估計每個家庭負擔近五萬元。

不用核四發電，就要有替代能源，根據經濟部規畫，只能擴大興建燃煤及燃氣發電來彌補電力缺口，電價將因反映燃料成本而大增。根據經濟部最新預估，核四若沒有商轉，二〇一六年時電費將多漲一成；到二〇二二年時，更要多漲二成。

電價上漲還不是最大問題，最怕的是電不夠用。經濟部次長杜紫軍表示，不用核電，長期必然要考慮以天然氣來替代，但建接收站及電廠也要十至十二年，若銜接不上將產生電力缺口。

經濟部能源局指出，目前法定備用容量率是十五%，一旦廢核四，二〇一六年備用容量率將會掉到十%，二〇二二年掉到七．四%以下，甚至到五．四%。根據往年經驗，當備用容量率降至七．四%以下，限電幾無法避免。若核一、二、三廠如期除役，二〇二五年，備用容量率降至負〇．三％，這表示，電根本不夠用。

核四不商轉情況下，備用容量率多數情況低於十五％，限電機率大增；因此必須開放民營電廠（包括燃煤及燃氣電廠）來供電；但燃煤和燃氣電廠興建，易遭到民眾抗爭，工期變數很大，燃氣電廠更需要十到十二年；因此，開放民營電廠供電，在最順利情況下，最快要到二〇二二年，備用容量率才會改善。

台灣一家具有國際競爭力科技大廠主管表示，核四不商轉，對產業界來說，除了無法新增工廠，連既有的工廠用電都會受到影響，「連守成都無法了」。「一旦核四不商轉，業界會自謀生路」這位主管無奈、卻毫不遲疑地說。

清華大學核子工程與科學研究所教授李敏直言：「很多人擔心核災事故風險，但台灣經濟可能會先窒息。」

廢核、追求非核家園，從來就不是一場政治嘉年華會。對世界上每一個國家來說，要選用什麼能源，這不是是非題，而是選擇題。任何選擇，全民都要認真、誠懇且負責任地面對、並共同承擔其代價。

核廢處置燙手，各國都有難念經

核廢料的處置爭議，往往是力倡核能發電者的一大軟肋。即使是老牌核能大國——法國，核子燃料最終處置場仍頻生爭議。

反核人士蜜鐘（Charlotte Mijeon）指出，目前用過核子燃料最終處置場預定地默茲省比爾市（Bure），已有地質學家發現有地熱，依法不能當作掩埋場。她忿忿不平地說：「核廢料是道德問題，變成我們今天使用，垃圾留給後代子孫去解決。」

根據官方統計，法國現有約一百一十五．三萬立方公尺的放射性廢棄物，相當於台北一〇一體積的一半。雖有逾八成已完成最終處置工作，仍有部分尚待處置技術突破。這也是聖洛朗（Saint-Laurent-des Eaux）核電廠，有兩部機組已停機逾二十年，至今仍未能順利移除的原因。

核廢最終貯存場，美國也搞不定

美國是全球最大核能發電國，至今也還擺不平核廢料的最終貯存場爭議。二〇一〇年，總統歐巴馬授權能源部撤回內華達州猶卡山（Yucca Mountaion）的申請案，另成立「藍帶委員會」（BRC），重新檢討美國核廢料政策。

二〇一二年BRC公布「美國核能未來藍圖」報告，認為仍應透過適合性、階段性、透明性、共識性、標準及科學為基礎的方式，讓核廢料獲得最終貯存。但地點為何，至今仍沒有結論。

美國核能協會（NEI）對外溝通處長希爾（Walter Hill）二〇一三年九月來台出席研討會時坦承，核廢料的處置未來會如何發展，沒有人有答案。

英國處理核廢料，每年花數十億英鎊

英國基於減碳要求，因應燃煤發電廠未來將逐步關廠，將核電與再生能源並列為二〇二〇年能源發展重點。

英國首相卡麥隆二〇一三年底宣布在位於索美塞特郡（somerset）的原辛克利核電廠區（Hinkley）新建可容納兩個核子反應爐的Hinkley C核電廠，預計二〇二三年啟用後，可供應全國七%所需電力，成為福島事件後，歐洲第一座宣布要新蓋的核電廠。

儘管這個決定經過跨黨派人士的討論，並成為共識；英國仍有擁核者憂心，核廢料處理至今仍找不到解方。曾有媒體估計，光是處理核廢料，每年就花掉納稅人數十億英鎊的公帑。

英國最大核廢料掩埋場，位於英格蘭的塞拉菲爾德（Sellafield），該地區擁有數十座在六十多年前興建、專門處理核廢料的設施，不過，當地曾被發現處理核廢料的處所遭到核物質汙染，引發相當大的爭議。

廢核收拾善後，德國要二〇八〇年才完成

德國經驗則是凸顯：即使決定走上非核家園，核廢料的難題並非一勞永逸。

根據德國媒體報導，反應爐機組拆卸及放射性廢料貯存等工作，保守估計要到二〇八〇年始可完成。

德國國會就核廢料處理及尋求安全的最後貯存等問題研擬專法，目前主要爭議包含：必須選定禁得起各種人為及天然災害衝擊的最後貯存所，以確保核子能源的和平用途。

德國核廢料最終處置地點歷年來爭議不斷。目前核廢料暫時貯存在下克森邦的哥爾雷本（Gorleben），但自一九八〇年代以來，反核運動人士抗議將核廢料運送至該地，因此經常進行示威遊行，與警方爆發衝突。

儘管德國政府打算重新尋找新的最終處置地點，卻仍把哥爾雷本列入選項，顯示政府興蓋「鄰避設施」，其實選擇相當有限。

最終處置場選址，台灣空轉十多年

相較於美、法，進行的是用過核子燃料最終處置場的選址工作，台灣核廢料處理進度遠遠落後，連以受到汙染的工作手套、工作衣、更換零件等低放射性廢棄物最終處置場，經過十多年選址，仍在空轉。

截至二〇一三年底，台灣三座核電廠、蘭嶼、桃園核能研究所，累計

二十一萬四千五百零一桶五十五加侖桶裝低放射性廢棄物。根據台電初估，除役過程產生的核廢料，相當於一座廠運轉四十年產生的量。

「蘭嶼島上只有四千八百人，卻有超過十萬桶核廢料。」達悟族人希婻．瑪飛狀語氣不甘地說。最終處置場選址延宕，也讓蘭嶼擺脫核廢料的願望一再夢碎。

原能會前副主委謝得志、原能會物管局局長邱賜聰都建議，立即成立核廢料專責機構。一方面是擺脫國營事業惡名昭彰的臭名，以利在選址推動過程中與在地民眾建立互信；另外，透過鬆綁政府人才與採購的規定，才能進用最終處置場周圍的居民，並增加在地企業得到政府標案的機會，達成實質嘉惠地方、促進經濟繁榮。

關於專責機構的營運與成效，也許可借鏡法國經驗。經歷一九八〇年代風起雲湧的反核示威行動，法國成立放射性廢棄物最終處置的專責獨立機構——國家放射性管理局（ANDRA）。

處理核廢料，法國兼顧世代正義

「這已經不是ANDRA的計畫，而是ANDRA和一個地方的計畫。」放管局國際組組長烏祖尼安（Gérald Ouzounian）說。他舉例，若地方是以從事低階金屬加工為主的產業環境，在興建廠址後，就要協助產業技術升級，並補貼工廠升級必要的設備購置支出。

國家級專責機構出現，也讓核廢料處理具有更周延的標準作業流程，特別是在顧及世代正義上，可著墨不少。例如，法國為確保最終處置場的資訊代代相傳，透過將備份資料存放在國家檔案局，並邀請在地民眾化身監督的一份子，讓記憶不只在官方，也在每一位老百姓的心底。

另外，二〇〇六年通過「放射性廢棄物永續管理計畫法案」，將「可逆性」的處置原則入法，要求現階段用過核子燃料在經過掩埋後，仍可順利取出，不會有輻射外洩疑慮，以便子子孫孫可重新做決定。

日本除染牛步，福島人民有家歸不得

值得注意的是，核災發生機率雖低，但萬一發生，核廢料的問題就會更加棘手。日本就是個鮮明的例子。

在福島核災後，日本展開史上最大規模的除染（清除輻射汙染）工程，校園、公園內的土壤被剷起，換上沒有汙染的土；除染工作累積的龐大廢棄物，目前仍堆放在福島縣內。

東京電力副社長石崎芳行指出，福島除染目標希望在二〇二〇年前完成，「很遺憾有部分居民可能無法回來。」

核能十字路口，民意左右兩邊走

福島核災喚起全球民眾對核電安全的關注，但各國民眾對核電的支持度卻愈見分歧。台灣、日本與德國反核聲浪高張，美國跟英國民眾支持核電的聲音不減反增。

福島核災後，日德民意一夕轉向

在日本，現任首相安倍晉三持續擁有高人氣，支持度不受贊成重啟核電的立場影響。日本綠色和平核能部門主任鈴木一惠指出，日本人民支持安倍是投掙經濟一票，並不是支持核電，鈴木一惠說，日本七成民眾不希望核電廠重新啟動，「安倍的核電政策是違反民意」。

德國在二〇一一年日本福島事件發生後，原本要將核電廠延役的梅克爾政府，一夕轉向，宣布在二〇二二年全面廢核。「這目標在政治上已然確定，老百姓也全然了解，一定會達成，」德國聯邦網路局長荷曼說。

德國社會反核意識其來有自，一九八六年車諾比核災事件幾乎是德國人心中共同的陰影。當時小學四年級的彼得印象很深刻，「不能出門，很怕淋到雨，不能喝牛奶，必須要拿去檢驗，十年內香菇都不能採。」

「我出生在七〇年代，我還是小孩時，經歷過車諾比核災的影響，核能不是安全的能源，我不希望留給子孫。」有兩個孩子的凱瑟琳堅定地說。

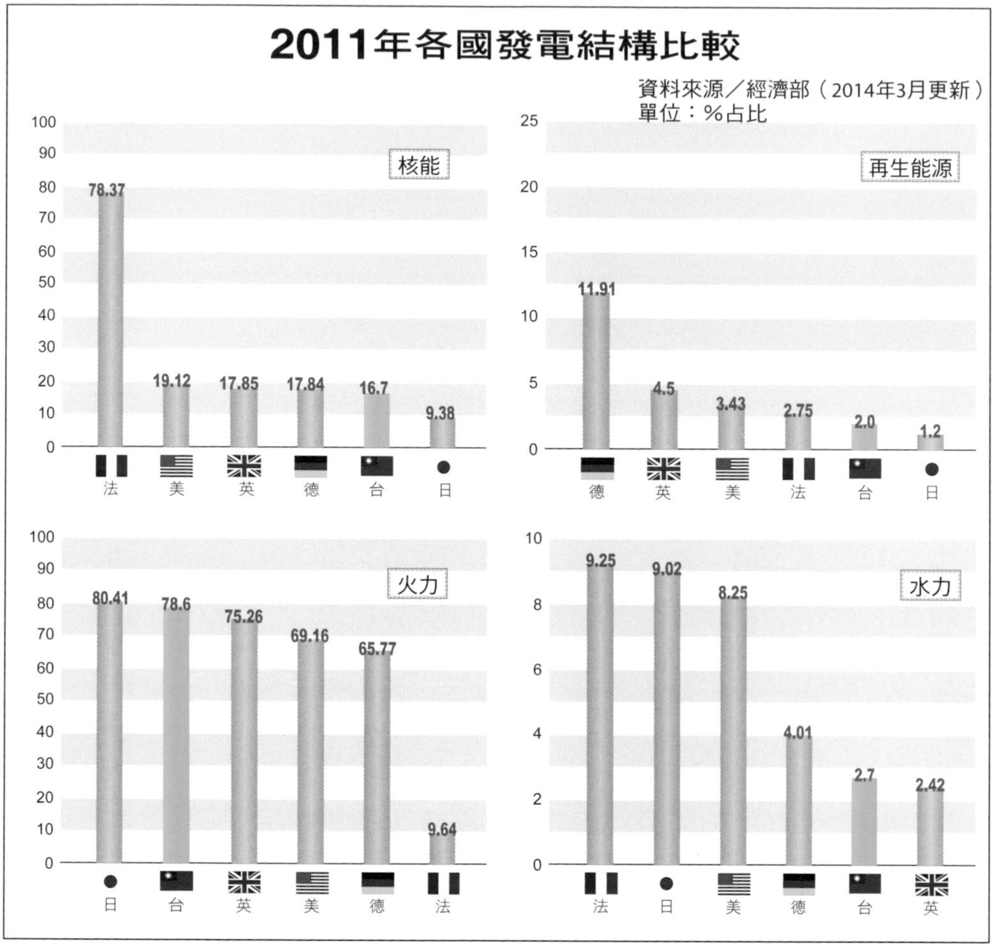

為了廢核，德國人民忍受高電價，德國民生電價現為歐洲第二高；民調顯示，有高達八成二德國民眾認同能源轉向，但認為能源價格上漲是最大缺點，有五十％德國人認為應限縮每年可興建或補助再生能源，並有六十二％受訪者認為應刪除企業享有的優惠。

減碳聲浪高，英人擁核不降反升

英國民眾目前對核電的關心程度，遠不如一九九〇年代，日本福島事件後，英國支持廢核民意一度增加十二個百分點，但半年後，YouGov公布的民調顯示，擁核民意更勝過福島事件前，達到六十三％。

二〇〇五年的民調機構MORI調查結果顯示，堅定支持核電的比例只有二十六％，低於反核的三十七%；但二〇一三年的最新民調，支持核電比例達三十二%，高於反核的二十九%。

二〇一三年二月，YouGov 所作的一分民調更指出，核能是英國未來能源需求中最受歡迎的選擇。反核人士認為，這是龐大的核能工業與英國政府長期以不正確資訊誤導民眾的結果。

車諾比事件後，由於輻射浮塵被認為影響到威爾斯的羊群等生態，英國曾有一陣反核聲浪，後來又因為氣候變遷、低碳能源需求，重新思考核電的必要性；日本福島事件則因距離較遠、加上公眾人物討論不多，多數已習慣核電存在的英國民意並未出現變化。

英國國會的氣候變遷委員會在二〇一一年五月的報告中，還建議英國政府應興建新核電廠以達成減碳目標。

美擁核者眾，幾乎無視核廠存在

美國核能協會（NEI）每年都針對核能舉行二次民調，問題很簡單，「你贊成還是反對核能？」三哩島事件後，支持核能的民意僅四成。三十年過去，二十世紀末支持核能的人已超過六成，二〇一三年更有高達六成九的美國民眾贊成發展核能。

有趣的是，大部分民眾被問到美國境內有幾座核反應爐，多數答案是「大概十幾座吧」。事實上目前全美有一百座核反應爐。

ＮＥＩ對此解讀，這是因為美國核電廠夠安全穩定，政府和民間也持續努力降低民眾對核能的憂慮，才能讓美國人幾乎忘了核電廠的存在。

法國雖擁核，人民風險意識猶在

法國地區核安資訊委員會全國聯盟主席德拉隆德說，「如果政府決定要減少核能發電，必須要提出用什麼來替代。即使完全停止核電，也不會減少輻射的問題，因為不是把核電廠停掉，就不會有核安的風險。」

三十九歲的西德瑞家住巴黎市郊。他指著廚房牆上的 Tempo 調節器，說全家人的生活全看著亮什麼燈在打轉。當藍燈亮起，代表全國用電離峰，電價便宜，這時候才趕緊啟動洗衣機；若燈號顯示紅燈，意味著進入用電尖峰，電價貴，大家就少用點電。

儘管已在生活中盡力省電，西德瑞卻不輕易支持廢核。他說：「福島核災後，證明核能有危險，但風力能產出那麼多電嗎？德國非核後，以燃煤取代，反而造成更多污染。」他也說：「目前再生能源的技術條件，還不足以支持全面廢核。」

法國自一九九四年起每年進行兩次全國民調，二十年來支持核能發電者均維持五成。常有人說，法國高民意挺核，源自悠久的核能發展史，「談起核能，就像談到協和號飛機一樣」；但我們看到，法國人深知核災的風險，但考慮到用電需求及再生能源的發展瓶頸，才對核能投下支持票。

台灣再生能源受限天然環境，像是圖中台灣最大的地面太陽能發電場，興達太陽能光電場，位於日照充足的南部，但台灣缺電的地區卻在北部。

再生能源來了，核能去留仍為難

三年前的日本福島核災，讓不少國家的能源火車頭轉向，朝再生能源的方向用力催下油門！

福島效應，日本掀太陽能風潮

一年前開始在自家屋頂安裝太陽能發電系統的田中裕二說，白天外出工作，家裡用電很少，太陽能發電賣給電力公司，每度可賣三十八日圓，晚上再以每度二十五日圓向電力公司買電，一來一回之間，省了不少電費。

福島核災後，日本開始實施再生能源特別措施法，到二〇一三年十月底的十六個月期間，日本新增五百八十五．二萬瓩的再生能源發電裝置容量，其中高達九成七是太陽能發電。

走進日本各大型家電賣場，都能看到太陽能發電廠商設攤駐點，協助消費者評估、申請到安裝太陽能發電系統，費用壓低到只要台幣十萬餘元。

起步較早，德國再生能源傲人

德國早在二〇〇〇年就推行再生能源法（EEG），對綠電生產者提供二十年保證收購，及優先進入電網優惠（即先用再生能源，不夠才用傳統發電）。因此當德國總理梅克爾在二〇一一年一口氣關閉八部核電機組，卻沒有缺電，全靠再生能源補足缺口。

如今，再生能源占德國發電比重為二十二%，並以二〇五〇年達到八十%以上為目標。

因此，力主非核家園的台灣人，常以德國為榜樣。不過，德國朝再生能源全力衝刺發展，並非全無代價。

德國《經濟週刊》副總編輯克魯瑞（Henning Krumrey）指出，政府做出廢核的決定太快，給的獎勵太優惠，無以數計的投資者全湧進再生能源市場，農舍、私人住宅鋪設太陽能板、農人變成生質農人，不種小麥，改種玉米，就為了發電賺錢。隨著補助金額大增，反映到電價上，民眾很快就得承受高昂的電價。

德國電價節節攀升，不但讓一般人家、中小企業、工場吃不消，還衍生用電貧窮（electricity poverty）的現象。

柏林諾易肯區失業率高，社福團體「消費者及社服諮詢協會」特地在此區設立據點。電費諮詢員吉耶納說，窮人用電量遠大於一般家庭，窮人多住在地下室，需要照明；窮人也沒有餘錢去購買節能設備，如省電冰箱和電視；窮人經常被迫在買節能燈泡和麵包之間做選擇。

收購綠電，台灣前景有喜有憂

台灣再生能源的發展，雖不是前段班，但也在二〇〇九年通過再生能源發展條例後，特別是在風力、太陽能上取得極大進展。如中彰以北沿岸，已設置約二百五十架風機；艷陽高照的南台灣，則是太陽能的大本營。

人間清境社區是南台灣陽光社區的標竿。主委昝乃秀說，三年前投資七十八萬元在屋頂設置太陽光電面板，如今每個月償付貸款七千五百元，還倒賺三千多元，而且貸款將在十年內付清，剩下的十年，每個月淨賺一萬多元，比領年金還多。

只不過，與德國有別的，台灣政府優惠收購綠電的經費，並不是來自所有用電戶，而是少數發電業者。其中，台電就承擔七成的經費。也就是說，台灣發展再生能源，有民眾從中賺取價差，卻從不需要自口袋掏錢，共同承擔國家發展再生能源普及的代價。

苗栗苑裡鄉親今年選擇在海邊工地圍爐，抗議能源局消極制訂風機與住宅的安全距離，則顯示台灣發展陸域風力的新挑戰。台灣土地面積小，人口稠密，過去十餘年，優良風場均已開發完畢，隨著風場距離民宅愈來愈近，爭議四起。

「如果風機與民宅的距離延長到五百公尺，彰化大城風場原定七、八支風機，瞬間腰斬，只留下四支；次級風場通通都不用做了。」工研院綠能與環境研究所副所長、風力機設置適當距離規劃跨機構專案小組召集人胡耀祖說。

為了減碳，英國風力核能並行

離岸風場是英國極具特色、且具全球領導地位的新技術；憑藉著長年強風的氣候特色，英國東南部海岸外的「倫敦陣列」離岸風場，是目前全球最大的離岸風力發電廠。

儘管如此，英國卻在配合減碳要求下，因應燃煤發電廠未來將面臨逐步關廠命運，在新能源政策白皮書中，把維持核電與發展再生能源同列重點項目。

倫敦政經學院葛拉漢氣候變遷與環境研究所主任鮑伯・沃德（Bob Ward）說，工業革命是從英國開始，英國應為全球撐起更重的減碳責任，再生能源或許是未來能源的答案，但相較於核能在英國長期扮演穩定供電者，離岸風場等新能源目前都還算新技術，投資成本比核電廠高，一個國家或市場都不該偏重單一能源來源。

減不減核，法國口號暗藏玄機

法國總統歐蘭德雖喊出減核口號，但實情是要提高全國電力的使用量，由二〇一二年電力占整體能源消費的四分之一，預計二〇二五年提高至三十五%～三十七%，新增的電力需求全由再生能源補足。去年工業部長蒙特布赫（Arnaud Montebourg）公開聲明，除了二〇一六年法國最老舊的費森翰（Fessenheim）核電廠停止運轉外，將不再關閉其他核電廠。

根據法國環境能源部統計，一九七三年，運輸部門仰賴進口石油的比例是三十％，二〇一一年已暴增至七十％；每年光是進口化石燃料，就要花上七百億歐元，讓財政困窘的法國雪上加霜。如今，銀灰色電動車 Autolib，由巴黎街頭，開進第二大城里昂。法國要透過運具電力化，減少倚賴進口化石燃料，擴大使用自產電力，包括核能、風力、太陽能、生質能等。

比重有限，美國核能仍難取代

在美國，再生能源的發電比重並不高。二〇一二年再生能源發電量僅占整體電力系統的十二％，低於核能十九％。

但若進一步分析零排放電力（運轉期間不會排出溫室氣體），二〇一二年美國各種零排放電力，核能占六十三．九％，遠高於水力（二十二．六％）、風力（十一．七％）、地熱（一．四％）和太陽能（〇．四％），短期來看仍有不可取代性。

為了更有效率燃燒更多核燃料，美國核電業近年來積極研發小型反應爐（SMR）。與一般反應爐裝置容量約一百至一百三十萬瓩相較，小型反應爐只有三十萬瓩。由於使用特定的燃料配置，有些小型反應爐只需要少量的水，甚至可靠氣體冷卻。

管你擁核反核，不節電就沒未來

隨著氣候變遷，以及地球資源日漸枯竭，節電是世界趨勢，也是擁核者與反核者，最大的共識。不論你選擇用什麼能源，隨手、隨時節電是做為地球公民應盡責任，也是留給下一代最美好的資產。

福島核災後，日本瘋節電

日本福島核災後，零核電之下，向來注重體面的日本人，為了節電，脫下了西裝。日本交通工具、公共場所或公家辦公廳內到處可見「節電中」的貼紙，在京都經營食品公司的早田一郎說，「過去的東京太明亮了」，福島核災後讓日本人更重視節電。

京都府辦公廳內的走道昏暗，第一次來洽公的民眾可能會誤認這是一座沒有運作的辦公室。京都府能源政策課課長平井裕子說，福島核災後，京都要求企業要加強節能，京都府自身也要帶頭節電，除了走廊的燈只開一半外，大樓電梯也會輪流停用。

東京市民小林二郎說，福島核災後，他將家中全部的電燈都更換成LED燈，家電也選用能源消耗最好的機種。小林二郎的家室內大約三十坪，去年十一月的家中電費僅台幣一千元出頭，相較於日本電價比台灣高，凸顯小林二郎的節電成果。

日本環境能源政策研究所所長飯田哲也指出，日本應該大膽、果斷的停止核電，「不要再等」。他表示，日本若同時大力推動節能與發展再生能源，「百分之百可以取代核電」。

德國人節電，落實生活裡

德國反核意識高漲，但對德國人來說，反核不是口號，更不是一場歡樂的政治嘉年華，很多德國人民身體力行節能減碳，並一步一腳印落實在日常生活。

冬天的柏林，下午三點鐘天色已經昏暗，走進位在威丁區、老舊公寓的霍爾徹家，迎接我們的不是燈火通明的客廳，而是只在角落工作桌開了一盞小燈，透露出主人的節電習慣。霍爾徹家一家三口，住在八十六平方米公寓裡，全部採用綠電，一個月電費七十六歐元（約台幣三千兩百元）。

男主人堤爾曼說，「我們用電非常少，都是買A＋（節能效率最高）節能家電，我們不用洗碗機、烘衣機，因為太耗電，不是必要家電」；這家人也不買車，而是採用定點租車。

太太多琳娜自小就是反核運動者，她並教導三歲的艾利亞反核與節能的觀念，也鼓吹親友改選用綠電。她說：「現在使用綠電是趨勢。」

場景再轉到位在巴登符騰堡邦烏爾姆附近的馬塞海姆鎮（Maselheim），居民不到五千人，在綠黨鎮長布朗（Elmar Braun）長期執政下，成為對能源斤斤計較的「節能小鎮」。

自一九九二年開始，布朗整建幼兒園、車站、小學，將牆面加上隔熱建材、加厚隔熱玻璃，使熱能不外耗；一九九八年興建鎮公所，所有設計都以節能為最大考量，例如蓋在斜坡上，自然通風，窗戶大又亮，減少平時用燈；冬天到傍晚分，窗帘會自動放下，以減少屋內熱能外洩。早在再生能源法實施之前，鎮公所屋頂已加裝了太陽能板，供建築內設備用電。

布朗並已將三分之一路燈更換節能燈泡，近期將陸續更新三分之一，他更打算在夜間關掉一部分路燈，減少用電。

小鎮不使用塑膠袋，不用保特瓶，不用油性彩色筆，而全面改用玻璃瓶，用回收紙、用彩色鉛筆，用有開關的延長線，並做垃圾分類；「都是一些小措施，但兜在一起，效果就很大，」布朗說。

法國雖擁核，節電處處見

鄰國核電大國——法國，也有節電觀念。來自台灣的蘇玲儀受不了室內昏黃的燈光，感覺像沒開燈，常因此跟老公胡家衛起口角。「我告訴她，兒子寫字時可以用大燈，但在旁邊玩時，就能用小燈，因為大燈比較耗電。」胡家衛說。

走進西德瑞的家，隱約傳來煤油味，西德瑞解釋，因為家裡暖氣是用傳統重油鍋爐，「比用電暖爐便宜」。為了節省電費，西德瑞打算換節能冰箱，家裡也安裝 Tempo 調節器，依其上顯示的燈號，在電價便宜的時段使用家電。

Tempo 是法國電力公司提供的時間電價之一。不僅依季節區分電價，一天當中再分尖、離峰時段，價差最高可達七倍。法國電力即使高達四分之三來自核電，電價也較歐盟平均值便宜，民眾仍落實節電，時間電價是最重要的工具之一。

在法國還能看到一個特殊景觀。房仲門市落地窗上貼著數十件的待售物件，每張傳單上都有住宅耗能指標，類似台灣節能家電的標示。「法國很早就有房子耗能分級，不管是租屋或買賣，都要先經過專家認證，並在交易時出示證書，供買方參考。」房仲業者武科維克說。

省電即省錢，英人有觀念

為了減碳而啟用核電的英國，亦已注意到省電的重要性。幾乎所有住家裡的插座都有省電裝置，如用電壺燒完水，即使電線插頭沒拔下來，可直接關閉插座上的電源。公共場所四處可見提醒民眾省電、減碳小標章。

英國電力公司在電價上，提供尖峰與離峰時段不同電費，不少精打細算的家庭主婦，使用洗衣機、洗碗機等用電量大的電器時，一定挑電費較便宜的離峰時段。

冬天的暖氣是生活必需品，室內長期開著暖氣雖很舒適，但收到電費帳單時則會嚇死人；許多家庭都會選擇在白天多穿點衣服，即使需要開暖氣，溫度也不會調太高，因為每增加一度、電費可能也隨之增加。

越來越多家庭願意花較高的費用、選用節能電器，從電冰箱、暖氣到燈泡；電力公司對省電有成的家庭也有鼓勵措施，有電力公司免費贈送小型無線網路電錶，讓消費者對家裡用電量隨時都可一目瞭然；用電量若能控制或降低，電價還有折扣。

美國用電兇，節能剛起步

相較歐洲國家，美國則是人均用電、二氧化碳排放量明顯較高的國家，顯示美國節能方面有待努力。二〇一三年六月，美國總統歐巴馬在喬治城大學發表能源政策演說，呼籲設立節能標準。聯邦政府所屬大樓要以身作則，實施各種節電措施。

美國能源效率經濟協會二〇一三年六月一分報告指出，美國在冷凍、空調、照明主要用電以外的雜項電力需求，如電視、電梯、製冰機的用電量，有四十%到五十%的耗能可利用現代科技節省下來，而這相當於阿根廷全國一整年的用電量。

為了節電，美國聯邦和州政府提供各種獎勵措施，扶持節電企業，並提供節稅措施。美國有些電力公司則是透過電表設計，讓用電戶可以設定每月用電額度，超過上限時，電力公司就會透過簡訊或電郵通知用電戶。有些電力公司還會設立「節電日」，在這天的某個時段如果用電量低於電力公司設定的標準，那少用的電數就會折現回饋給用電戶當作獎勵。

台灣要非核，全民先節電

繞世界一圈，回頭看台灣。台灣節電的意識與努力，已然落後一大截。台灣沒有天然資源，數十年來能享受廉價、供應無虞的電力。台灣人因為不必努力節電，人均用電量竟比德國人多出五十％、約三千多度電。

綠盟主張，核四發電量僅占總發電量六％，只要全民和產業一起節電，就不需要核四。然而，台灣電價低廉，甚至低於發電成本，大大降低了企業、商家和家庭進行節能投資的意願，反核團體「以節能替代核四」的美夢，彷彿如狗吠火車，緣木求魚。

至於企業節能，經濟部政務次長杜紫軍表示，過去幾年工業節電做得非常多，「容易節的，都已經節了（亦即節能投資回收期短的）」；接下來都是困難的節電，這涉及產業轉型，這需要時間；他認為，一直以來住商部門節能得很少，有很大節電空間。

看看身邊，餐廳、商家及許多公共場所，任憑冷氣外洩；有多少人會隨手關燈？有多少企業和家庭，願意投資在節電設計上，或是更換節能家電？相較於德、日、法、英，台灣人節電意識薄如紙。

追求非核家園，台灣人民的第一堂課，就從日常生活中力行節能開始。

支持核電，不能不想的兩件事：核安與核廢料

二〇一三年底在日本採訪時，聽到一名反核人士形容日本在福島核災前對自身核安的自信是：「除非哥吉拉出現在核電廠，否則日本核安是萬無一失」。

哥吉拉是日本漫畫中的巨型恐龍，美國好萊塢翻拍成「酷斯拉」登陸紐約大肆破壞。若真的有哥吉拉，核電廠確實難逃毒手，但現實中沒有哥吉拉或酷斯拉，日本核安還是破功了。

回到台灣。每周固定在台北市中正紀念堂前的反核運動「不要核四、五六運動」截至二〇一四年三月十一日已跨越五十二周。

中正紀念堂捷運再搭兩站就是台電總部，兩者地理距離如此近，但位處其上的反核、擁核雙方理念的鴻溝卻如此巨大。兩者最大的歧異在於，台電認為核安無虞，反核者則主張核安難有百分之百的保證。

拉回日本。日本的擁核、反核雙方雖然也是立場迥異，但雙方在「核能電廠永遠不能保證百分之百安全」上，卻已有共識。

日擁核派，修正核安態度

二〇一三年台電邀請兩位日本媽媽前來參與核能論壇，頗有和台灣媽

2013年台灣電力結構

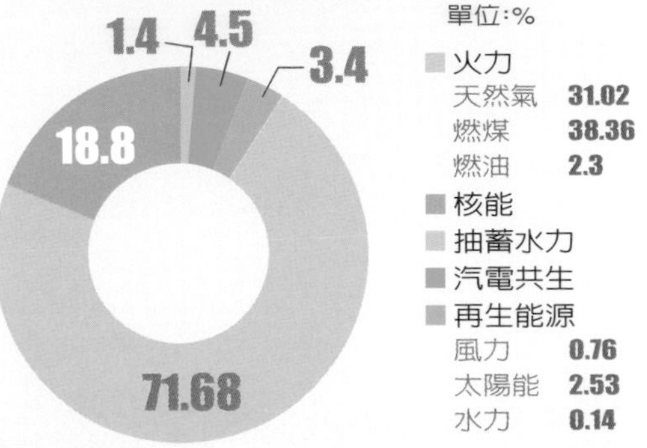

資料來源台灣電力公司

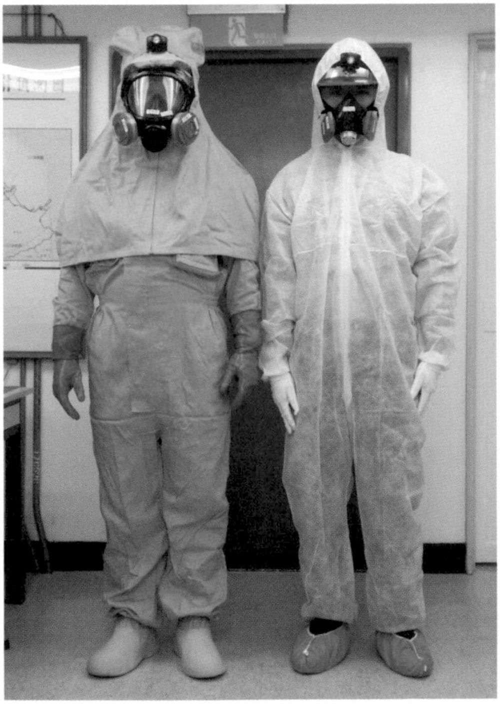

台電人員展示防輻射裝備。
左圖：左是可重複使用防輻射衣、右是拋棄式。
右圖：台電人員手拿的碘片是核災緊急應變藥物。

媽反核電聯盟互別苗頭的意味。

但尷尬的是，日本原子力前委員木元教子和前專門委員東嶋和子在這場論壇上，都直言核電不可能做到百分之百安全，「日本是追求極接近百分之百安全」。

木元教子與員東嶋和子是日本有名的擁核派代表，連這兩位擁核媽媽都說核電廠不可能百分之百安全，顯示在福島核災後，自負的日本人，態度已經大幅修正，改為更謙虛的面對核安。

台電信心，恰如災前日本

政府和台電近年不斷以兩個論點來強調對台灣核安有信心，一個是過去三座核電廠的運轉紀錄良好，第二個是我方在福島核災後新增斷然處置措施，必要時可以毀掉核電廠而不影響核安。

政府與台電對核安的信心，恰如福島核災前的日本。

核一廠的設計與出事的福島一廠類似，台灣與日本同樣面對地震與海嘯的威脅，不少反核人士提出的反核角度確實可以輕易以科學反駁，但反核人士對台灣核電安全的擔憂，絕對是有憑有據。

昨日紀錄，不是明天保證

一位日本核能大老曾說，核電廠就像女人一樣，年紀愈大愈是要勤保養，昨日的運轉紀錄，不能當作明天的運轉保證。

福島一廠在一九七六年開始興建時，包括地點選擇、海嘯高度預估上就已出現不少瑕疵，雖然我們不能以今日的科技眼光看當時的興建水準，但之後福島一廠補強工作不如其他核電廠，以致於在三一一地震時遭受毀滅性打擊，但女川等核電廠卻能挺過。

高齡核廠，延役？除役？

台灣核安問題比日本更顯複雜，除了核四要不要商轉外，既有三座高齡核電廠是否延役，也加深政府處理的難度。

日本在重啟核電廠議題上最優先的溝通工作，是重建民眾對核安的信心，透明與謙卑是溝通的兩大主軸。

政府要與民眾溝通核安議題，必須與日本一樣，先承認核安永遠不能做到百分之百，才能夠以謙虛的態度去檢視我核電廠的缺陷，這樣才能化解擁核、反核雙方之間深不見底的鴻溝。

反對核電，不能不知的兩件事：經濟衝擊與再生能源

一旦走向廢核，電價必定高漲，可能傷及台灣經濟，該怎麼辦？再生能源發展進度，真的可以接續上廢核後的電力缺口嗎？台灣能源轉型之路，無疑的還要經過一段陣痛期。

民國六十七年賽洛瑪颱風來襲時造成大停電，全家聚在一起點蠟燭；民國八〇年代夏天全台輪流限電，民眾邊冒汗邊大罵政府；九二一大地震全台大停電，全島忐忑難安度過許多漫漫黑夜，只靠燭火與手電筒來照明。

這些都是台灣人在缺電、限電、停電的共同記憶……

二戰結束，日本人撤離台灣時，揚言要讓台灣陷入黑暗，在缺人缺錢缺料的年代，工程師孫運璿帶著一群工專學生，上天下地，靠自己力量，在三個月內讓台灣復電，寫下台灣電力奇蹟。

若不節電，限電將重演

台灣是缺乏能源的孤島，但長期以來電力供應無虞，除了少數幾次因電網遭受外來損害而發生大停電，但很快就復電；台灣人根本不必節電，人均用電量較德國人多出四成六、約三千兩百度電。

台灣人長久以來，恣意地享受廉價且充分供應的電力。

福島核災後，包括台灣在內各國民間的反核聲浪高漲。台灣民眾上街遊行，要求核四不要商轉，也希望其他三座核電廠盡快除役。

當台灣人高喊廢核時，在沒有準備好情況下，貿然捨棄核四，核一、二、三又如期停役，如果沒有找到穩定的替代能源，又不願意節電，台灣未來註定幾乎只有兩種未來：一是台灣將走回限電的年代；二是，台灣的經濟將陷入高度不確定中，經濟前景猶如風中蠟燭。

如果在此時啟動廢核骨牌效應，在二〇二五年可達到非核家園，這意味著將有約十八%的發電量，將在十一年內消失。即便台灣人民願意接受高電價，想要蓋燃氣電廠、大力發展再生能源，十年之間，用電缺口肯定補不上來，經常限電就會成為事實。

更何況，近年來在民粹政治下，主張漲電價就成為全民公敵，二〇一三年十月經濟部調漲電價，漲幅一成不到，都被罵慘了。未來一旦以天然氣或再生能源來替代核電，電價不知要高到那裡去！台灣人受得了嗎？

若電不穩，產業將外移

限電的衝擊，又遠比高電價來得既深且大。「核四不商轉，對產業界來說，代表著不只是新增工廠不可能，連既有的工廠用電都會受到影響，連守成都無法了。」台灣一家具有國際競爭力科技大廠主管憂心忡忡。

他還說，民國八〇年代限電，當時有新電廠正在興建，業界只要撐過去就好；未來核四若不商轉，再加上現在是台灣所有電廠，包括天然氣和燃煤電廠都蓋不起來，「這次若限電，將會是幾十年都不會改善」。

核四可能不商轉，已向產業界、全世界發出台灣供電不穩定的訊號，業界的選擇將非常清楚而明確，也對台灣經濟前景發出強烈警訊，很多人擔心核安問題，但台灣經濟可能會先窒息。

減六除四，不只是口號

反核團體主張「減六除四」，核四發電量僅占總發電量六％，只要全民和產業一起節電，就不需要核四。是的，節電是未來大趨勢，但先看看我們生活周遭，有多少人有意識隨手關燈；路邊小吃店是多麼浪費冷氣；又有多少商家和家庭，願投資錢改變設計來節電、更換節能家電？如果緊接著核一、二、三的除役，十年內要少掉約十八％電，在國人毫無節電意識情況下，無疑是難如登天。

大前研一來台講演時，以推動零核電的日本為例指出，節能要有大的變化，是靠產業外移來達成。而國內也正悄悄流行一個黑色幽默，大意是說，「經濟部經常說『廢核會缺電』，這根本就是恐嚇人民！廢核根本就不會缺電！因為產業都跑光光！到時候，還會有很高備用容量率！」

靠產業外移來節電，用經濟蕭條的風險來達到非核家園，恐怕不是台灣人民想要的結局。

台灣各種再生能源分布

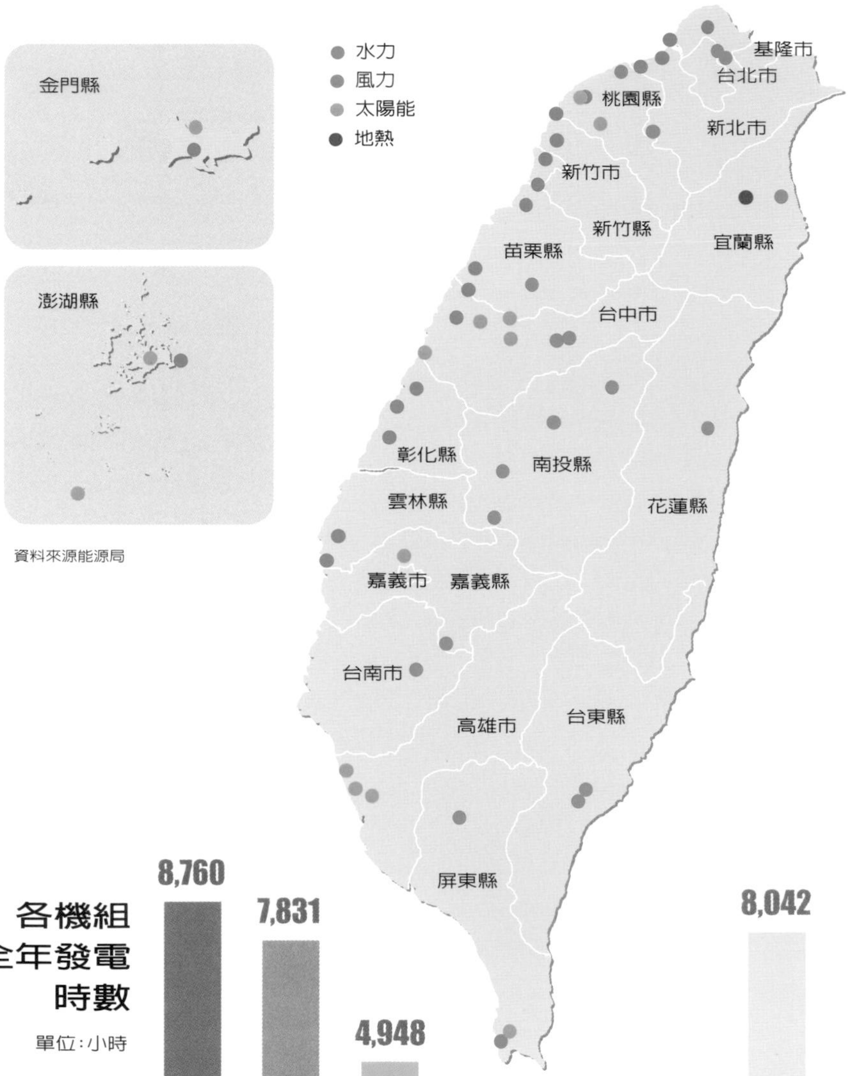

資料來源能源局

各機組全年發電時數

單位：小時

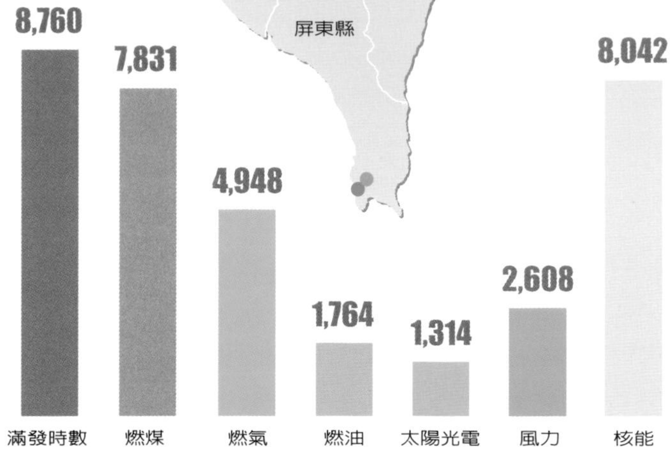

註8760小時=
24小時/天X
365天/年
資料來源能源局

Chapter 2

三年了，福島可好？

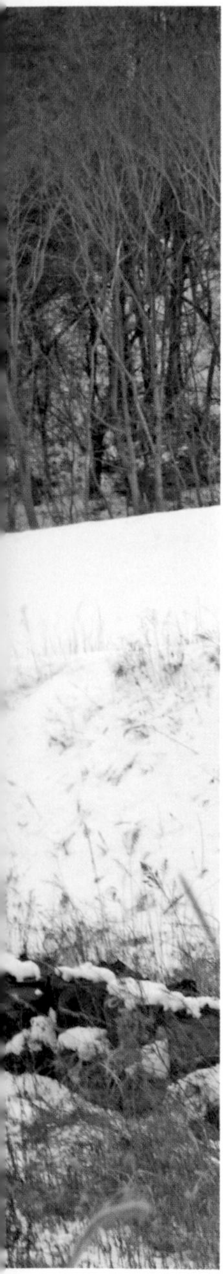

日本

王茂臻

三年了，福島可好？

日本福島核災三年了，台灣人心中的福島印象，可能還停留在氫爆衝破福島一廠的駭人畫面。包括我在內的台灣民眾會想知道，「三年了，福島可好？」

二〇一三年我們確定要前往日本福島第一核電廠與核災管制區採訪時，同事、家人都有反對的聲音，尤其當時又發生福島一廠輻射汙水問題，達到一個新高峰，寫信給日本的同業詢問前往福島採訪事宜，對方回信問：「你真的打算現在來？」

《聯合報》採訪團隊還是如期出發，在日本採訪長達一個月，成為第一家踏進福島一廠的台灣媒體，採訪團隊也深入目前仍是管制區的雙葉町等核災重災區，跟著災民回到此生可能無法重返的家園，體會核災在日本刻畫的傷口。

輻射量已達安全，民眾仍有疑慮

在雙葉町採訪時，我跟同事依官方的要求穿著全套防護裝進入管制區，但在管制區內卻見到雙葉町的公務員，不但沒穿防護裝、甚至連口罩都不戴，就在管制區內趴趴走，我心中疑惑：「真的不要緊嗎？」

在福島醫科大學採訪時，好幾個醫學博士對我的疑問，都有相同的回

福島雙葉高等學校因為核災，學校已人去樓空。即便核災已過三年，校區輻射量仍高達每小時1.473微西弗，遠超過安全標準值。

雖然日本投入鉅資清除災區的輻射汙染，但一包包巨大的黑色輻射廢棄物，未來仍將長期堆放在福島核電廠附近。

覆：「現在多數管制區的輻射量是安全的。」

但有疑慮的顯然不只我，結束福島醫科大學採訪後，搭上一輛計程車，已當阿公的運將菊田滿之告訴我，雖然他相信輻射應該已經沒太大影響，但想到下班回家後，要抱孫子、與孫子玩，他就拒絕出車到福島一廠附近。

即便我相信此次赴福島採訪是安全的，但想到回台灣後要抱抱一個月沒見的五歲女兒，離開日本前，還是把穿進福島一廠的外衣丟棄，沒帶回台灣，心境一如福島的這位計程車司機菊田滿之。

從福島回到台灣，朋友開玩笑地問我：「晚上關燈時，身上會不會發亮？」在日本福島一廠與福島災區採訪時，我共吸收約二百微西弗的輻射量，這約是國際認定一個人一年可承受一毫西弗輻射量的五分之一，我的身體晚上當然不會發光。

包括日本司機、日本醫學博士、我、我的朋友，對於福島核災都有不同的想像。

三年了，福島可好？這個問題跟肉眼看不到的輻射對福島的影響一樣，很難描述與回答。

核災陰影中，兩難的選擇

在採訪過程中，我們遇到許多態度極端的福島居民，有迫不及待想要告別組合屋，回到災區的居酒屋老闆娘；也碰到一個三代同堂家庭，決定

受到福島核災影響，許多日本災民迄今無法重返家園，因為311地震倒塌的房舍無人聞問，在輻射災區內隨處可見。

舉家遷移，連祖墳也一起帶往千里之外，重新建立新家園。

三年了！福島居民在核災的陰影中，還在做選擇，留下、遷徙或觀望。

在日本，從官方到民間，也正在醞釀核能的新抉擇：要不要重啟核電廠，結束福島核災後的第二度全國零核電？贊成與反對兩方，都認為自身的主張，對日本最好。

福島好不好？還需要時間檢驗，但包括福島災民內的日本人，正在能源十字路口上仔細思量、猶疑，試圖為自己、為下一代做出抉擇。

那台灣的選擇呢？

走進福島一廠重災區

在三一一事件滿三周年前夕，經過一長串的交涉，我終於站上了三一一日本核災的重災區——福島一廠，成為進入福島一廠的首位境外單一媒體專訪的記者。

出發去福島一廠採訪前，向一位派駐在北京的日本同業請益，對方提醒我要注意輻射的問題，不能盡信東京電力提供的數據。他說：「北京空氣汙染人人可見，大家警覺心很高，福島的輻射汙染卻是肉眼難見，一般人很難看清全貌。」

福島核災發生滿三年，要了解福島一廠的實際情況，最好的辦法就是到現場，但這個現場，很難抵達，要把看不見的福島輻射情況，透過文字寫出來，是另一個挑戰。

東電拒之門外，交涉數月

東電曾邀請東京外國記者俱樂部成員統一進入福島一廠採訪，但從未開放境外單一媒體進入福島一廠，半年前第一次向東電提出採訪申請時，在預期之中，遭到對方拒絕。

之後展開長達數月的交涉，與東電往來信件超過二百封，二〇一三年十二月第一次赴福島，即便已挺進到肉眼可見福島一廠，最終仍被拒於門

福島一廠是福島核災風暴中心，照片遠方的白色建築物是福島一廠一號反應爐，在核災後興建新的外層建築，包住因氫爆受損的廠房。

由於輻射汙染嚴重，在福島一廠內工作的東電員工或外包廠商，都必須穿著全套防輻射衣。

東京電力員工搭乘往返福島一廠的交通車時，不但車內座椅地板都用塑膠布包裹，連手持輻射偵測器也要保護，以避免受輻射汙染。

外，令人失望。

但在那次與東電高層對談，對方了解台灣對福島一廠現狀的關切，終於同意讓我在二〇一四年二月進入福島一廠採訪。

取得進入福島一廠採訪門票，是另一波複雜準備工作的開始。從採訪路線選擇，一直到攝影器材規格與腳套尺寸，日方鉅細靡遺的要求我提供各項資訊。

若遭輻射汙染，相機不得攜出

日方也提醒，若攝影器材在福島一廠內遭輻射汙染，屆時將沒收我的器材不得攜出，連相機內的記憶卡都不能帶走。

聽到這項訊息時當場傻眼，因為進入福島一廠的主要目標就是要帶回最新的畫面，若不能帶出畫面，此行成果就會大打折扣。出發前我把兩台相機用塑膠袋層層包裹，希望能避免相機遭汙染，入境日本海關時還被詢問為何要把相機包得像粽子一樣。

進入福島一廠後，我發現日本工作人員也很擔心輻射汙染問題，採訪車輛內的地板、座椅全部都用透明塑膠布覆蓋，東電陪同人員攜帶的輻射偵測器、大聲公等配備，同樣用塑膠袋包裹。

出發來福島一廠前，報社長官、同事與家人擔心輻射問題，為了讓他們放心，我解釋進入福島一廠遭受的輻射劑量大概就是照一張胸部X光，但我沒講的是，福島一廠內最高輻射劑量，是正常環境輻射量的兩萬倍。

連東電人員都很緊張……

搭車經過福島一廠第二、第三反應爐時，我從台灣攜帶來的偵測器偵測到每小時五百微西弗的輻射量，按照東電的測量，該處輻射量高達每小時四千微西弗，連東電人員都很緊張，不斷催促司機開快一點。

離開福島一廠前，除了要接受全身詳細的輻射偵測外，隨身攜帶的器材也要經過仔細掃瞄，確定沒有輻射汙染後才能離開。

幸運的是，我攜帶的兩台照相機都通過檢測，順利將福島一廠的最新畫面帶回台灣。

進入福島一廠採訪前，因擔心相機遭受輻射汙染而無法攜出，事前用層層塑膠布包裹。

福島一廠附近的核災管制區目前多數仍不允許居民返鄉居住，聯合報系採訪團穿著全套隔離衣，在空蕩的核災管制區內徒步採訪。

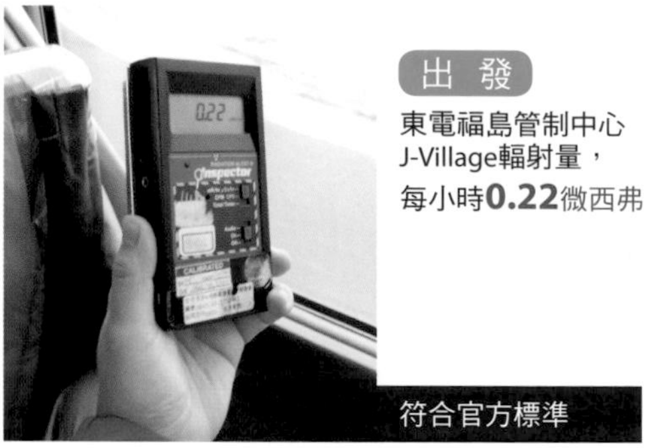

符合官方標準

出發
東電福島管制中心J-Village輻射量，每小時**0.22**微西弗

中途
東電人員拿塑膠袋包裹偵測器測輻射量，每小時**2.2**微西弗

日本核災三周年
台灣媒體首家直擊福島一廠

採訪車在顛簸泥濘的路上掙扎往前，兩旁盡是傾倒的廠房與玻璃窗碎裂的辦公樓。除了車內的我們，見不到人；不遠處是太平洋，海天皆是灰濛一片。

輻射偵測器不斷「嗶嗶嗶嗶嗶」

「嗶嗶嗶嗶嗶……」到了這裡，我自己帶的輻射偵測器不斷發出急促的聲音。

「天呀！五百微西弗。」這個數值真讓我害怕了；一般環境的輻射量是每小時零點二微西弗，我所處的環境超出二千五百倍；東京電力公司公布過的輻射量更高，達每小時四千微西弗，高過二萬倍。

我們無法也不願久留，車內陪同的東電工作人員緊張地命令司機加速駛離。

不是電影中的末日場景，這裡是三年前震驚全球的福島核災風暴中心：福島第一核能發電廠。

福島一廠

輻射水儲存槽附近，
偵測輻射量，
每小時**27.41**微西弗

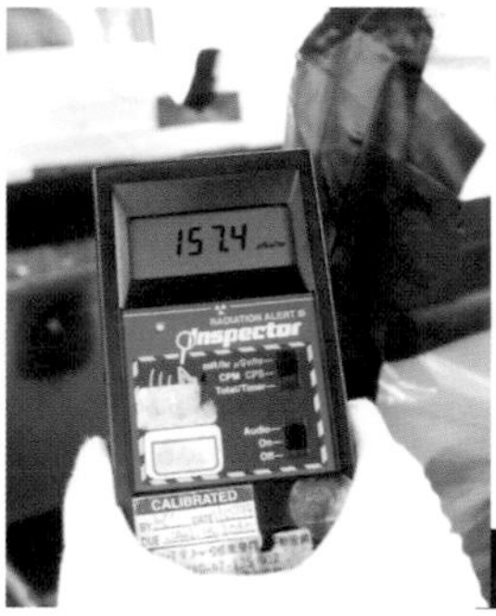

三號反應爐

每小時逾100微西弗，
記者在此偵測到
最高**500**微西弗

東電資料為4000微西弗

地震、海嘯、氫爆後的殘破廠房

日本福島核災三周年前夕，聯合報成為台灣首家進入福島一廠採訪的媒體。記者在現場目擊受地震海嘯與氫爆夾擊的殘破廠房，超過正常值二萬倍的高輻射與持續累積的輻射水，反映日本要脫離核災的陰影，仍有艱苦漫長的路要走。

三年前的三月十一日下午二點四十六分，日本東北外海發生芮氏規模九的強烈地震，引發十三公尺的海嘯襲擊福島一廠；之後數天內，福島一廠陸續出現氫爆與輻射外洩，成為車諾比事故後，全球最嚴重的核災。

二〇一三年迄今，聯合報系採訪團隊兩度赴日本福島核災管制區調查採訪長達一個月，並踏入核災風暴源頭福島一廠，直擊在輻射威脅下，福島一廠復原速度緩慢，輻射汙水仍處失控邊緣。

司機加速通過二、三號反應爐

空氣中看不見的輻射令福島一廠內氣氛緊繃。記者搭的採訪車行經二號反應爐與三號反應爐時，陪同的東電人員口氣急促的要求司機加速，「因為該處輻射量是全廠最高」。

東電事前已警告，記者攜帶的攝影器材，可能因輻射汙染而無法帶離廠區，東電員工配備的輻射偵測器等設備，亦是用層層塑膠袋包裹，透露出對輻射的戒慎恐懼，也顯示福島一廠仍未脫離輻射威脅。

在福島一廠內，處處可見穿著防輻射衣的工作人員。

日本動員上萬人力在福島附近清除輻射汙染，預計還要 3 到 6 年時間才能完成。

進入福島災區的車輛都需經過檢查站，確認有通行證才放行。

福島核災讓日本進入代價高昂的零核電，日本政府近期積極推動核電廠重新啟動，但阻礙之一在於日本能否確實控制福島核災。

核災後遺症未解，日本逾六成民眾反對核電廠重啟。日本綠色和平核能部門主任鈴木一惠說：「日本政府粉飾福島一廠的真實情況，為推動核電廠重啟鋪路。」日本國內正對是否繼續使用核電，激烈爭辯。

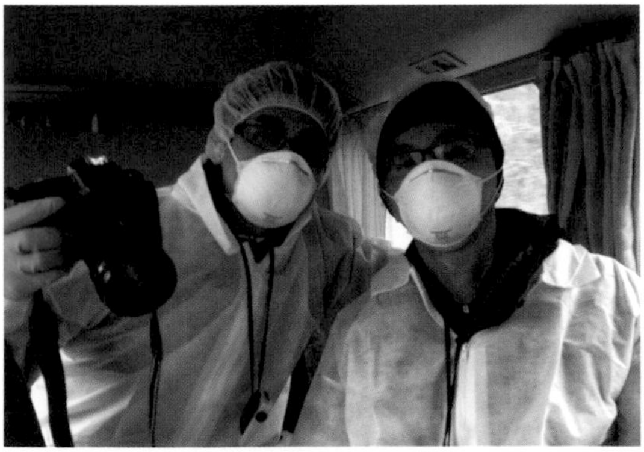

日本官方規定，進入福島核災管制區時，都必須穿著隔離衣。

日本核電廠分布圖

- 關西電力大飯核電廠4號機去年9月15日停機後，日本再度進入零核電。

資料來源／東京電力

當前最令日本頭痛的是福島一廠仍不斷產生輻射汙水，日方被迫興建大量貯存槽以免輻射汙水流入大海。

福島一廠輻射水，每周填滿一泳池

福島一廠廠長小野明說：「控制輻射汙水，是福島一廠目前最重要、最迫切的任務。」

儲水……儲存槽不夠用

從Google的衛星地圖上看，福島一廠照片中除了氫爆的廠房清晰可辨外，另一個醒目的影像是廠區內遍布密密麻麻的灰色儲存槽。福島一廠副廠長菅沼希一說，這些儲存槽可容納四十一萬噸的輻射水。

四十一萬噸的儲存量，一年內就將面臨不敷使用；因為福島一廠每天新增四百噸輻射水，廠內已累積三十五萬噸的輻射水，僅剩六萬噸的儲存空間。

堵水……人造凍土築牆

東京電力正在福島一廠進行史無前例的大規模人造凍土計畫，要把福島一廠周圍的土壤冰到結凍，打造一堵堅硬的地下城牆，避免地下水持續流進廠區變成輻射水。

福島一廠背山面海，福島核災後，源源不絕的地下水流過福島一廠下方變成輻射水，即便東電開發出可以過濾核廢水的濾水設備，但還是趕不上輻射水的增加速度。

菅沼希一指出，東電已著手設置人工凍土壁，這項設備預計在二〇一五年初啟用，希望把地下水擋在廠外，解決輻射水的問題。

日本首相安倍晉三去年為東京爭取奧運主辦權時說，「福島一廠的輻射汙水已受控制」。但這個言論不僅其他國家存疑，日本國內也有不小的懷疑聲浪。

漏水……上月百噸外洩

日本國會議員山本太郎說，對東電徹底解決福島一廠輻射汙水一事沒有信心。日本綠色和平核能部門主任鈴木一惠批評，民眾對東電已無信任感。

來自國內外的質疑不斷，是因為從福島核災後，福島一廠屢屢傳出核廢水外洩。上個月，東電再度坦承多達一百噸的輻射水外洩。

小野明雖對人造凍土法的效果有信心，但也保守地說，這是一個全新的嘗試，東電必須小心翼翼進行。

菅沼希一說，東電已計畫在福島一廠內另行興建八十萬噸的輻射水儲存設施。這項計畫是目前福島一廠輻射水儲存容量的一倍，顯示東電正為人造凍土技術可能失敗，預留後路。

輻射汙染問題讓福島一廠善後工作難以快速展開，2011年海嘯侵襲福島一廠造成的損害迄今仍保持原貌。

福島一廠輻射水問題舉世矚目，一度甚至危及日本申辦2020年東京奧運。

福島一廠三號機廠房屋頂可見到福島核災時受創的痕跡。

「高」招！核電廠競築海嘯長城

古諺云「失之毫釐，差以千里」，福島核災時六部機組的命運，差可比擬。

福島一廠共有六部反應爐，一至四號機在海拔較低的廠區基地南側，五、六號機則在海拔較高的北側，兩處反應爐的海拔高度相差三公尺，這三公尺決定了前者無力對抗海嘯而爆發核災，後者則安然度過。

福島一廠興建時，專家預測海嘯最高是六點一公尺，福島一廠依此假設興建，但三一一地震時遇到十三公尺高的海嘯，廠區嚴重泡水受損，最終導致福島核災。

福島一廠五、六號機海拔十三公尺，比一到四號機的海拔十公尺高了三公尺，加上五、六號機配備的氣冷式柴油發電機位於更高海拔處，讓五、六號機同遭海嘯襲擊時，受損程度遠輕於一至四號機。

不過，日本政府與東電仍決定，功能正常的五、六號機提前廢爐除役，加上在核災中已嚴重受損的一至四號機也廢爐，福島一廠已確定整廠除役。

三一一大地震凸顯了日本評估核電廠潛在風險的盲點，除了福島一廠錯估最大海嘯高度外，日本核電廠普遍未設想到，地震可能造成廠區基地大規模的沉陷。

福島一廠在311地震時遭到十餘公尺高的海嘯衝擊，目前日方暫時以臨時防海嘯牆保護廠區。

距離三一一大地震震央最近的女川核電廠，在地震時整個廠區下沉高達一公尺，福島二廠也出現七十公分的廠區沉陷。女川核電廠與福島二廠都挺過了地震與核災的雙重考驗。

女川核電廠副廠長加藤功坦言，在女川核電廠建廠前的評估中，並沒有預料到會出現那麼大規模的沉陷，所幸三一一大地震時女川核電廠整個廠區同時下沉，讓地層下陷的破壞力減輕大半。

為了預防更大海嘯侵襲，日本各核電廠都在進行防海嘯牆加高工程，像是女川核電廠原海嘯牆高度是海拔十二公尺，現在進一步要提高至二十九公尺，完工後將成為壯觀的防海嘯長城。

福島核災後日本新增的核電廠管制標準

項目	內容
設計基準	新管制基準以深層防護為目標，加強對天災、火災等可能造成核電廠安全功能一起喪失的防護
嚴重事故（含恐怖攻擊）	要求核電廠能具備防止核電廠出現嚴重事故的能力，追加恐怖攻擊、航空器衝撞的對策
地震海嘯對策	設定比「以往最大」海嘯還高的標準作為「基準海嘯」，據此設置防海嘯牆，並確定反應爐不會因地震造成防水功能喪失

資料來源／日本原子力規制委員會
製表／王茂臻 聯合報

搶救輻射水危機

福島核災已滿三周年，福島一廠輻射汙水總量仍持續上升，輻射水外洩意外頻傳，讓福島核災善後工作滿布荊棘。為不讓二〇二〇年東京奧運蒙塵，日本傾全國之力要解決福島輻射汙水問題，包括首次使用人造凍土技術防治輻射汙水。

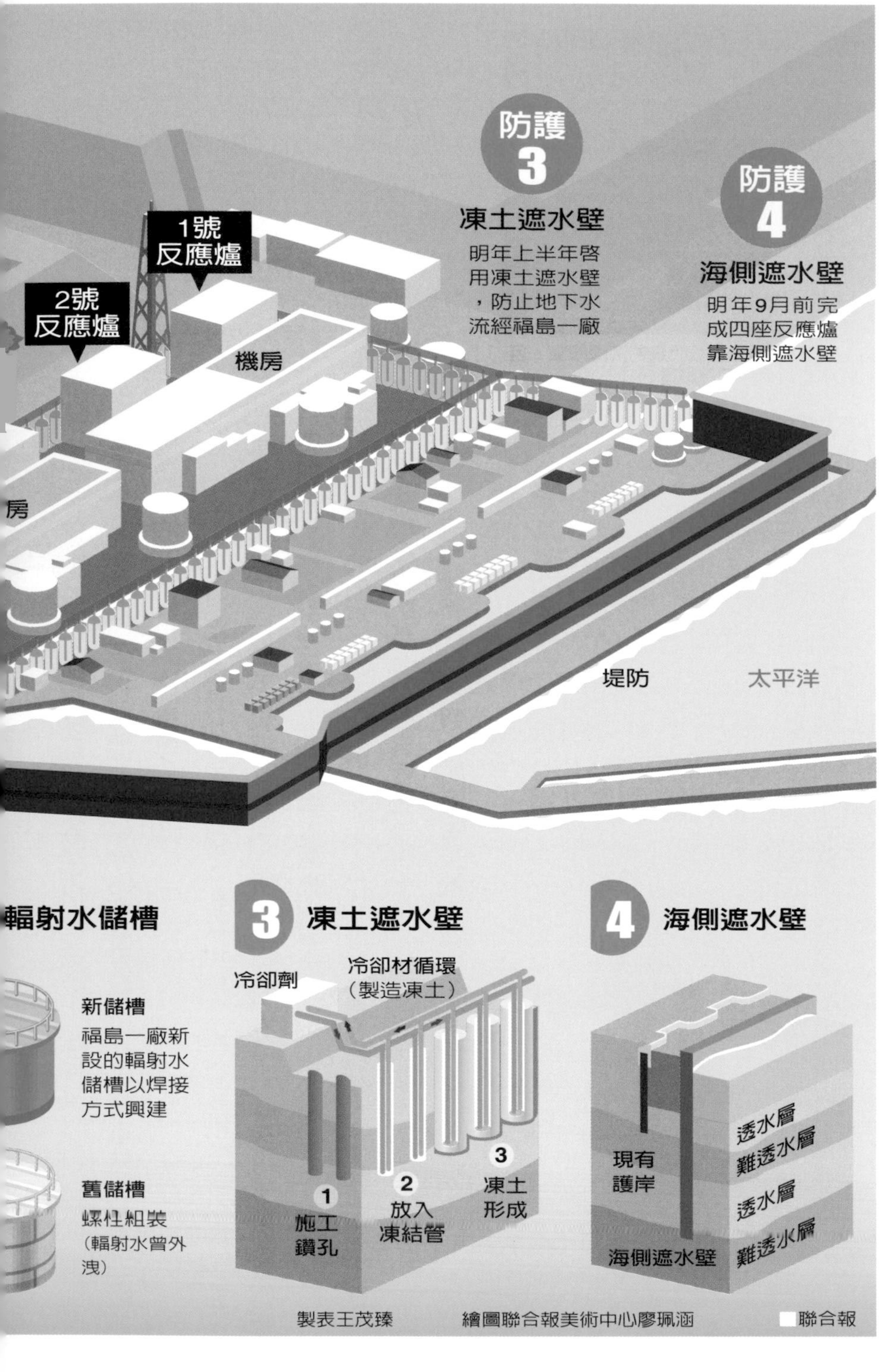

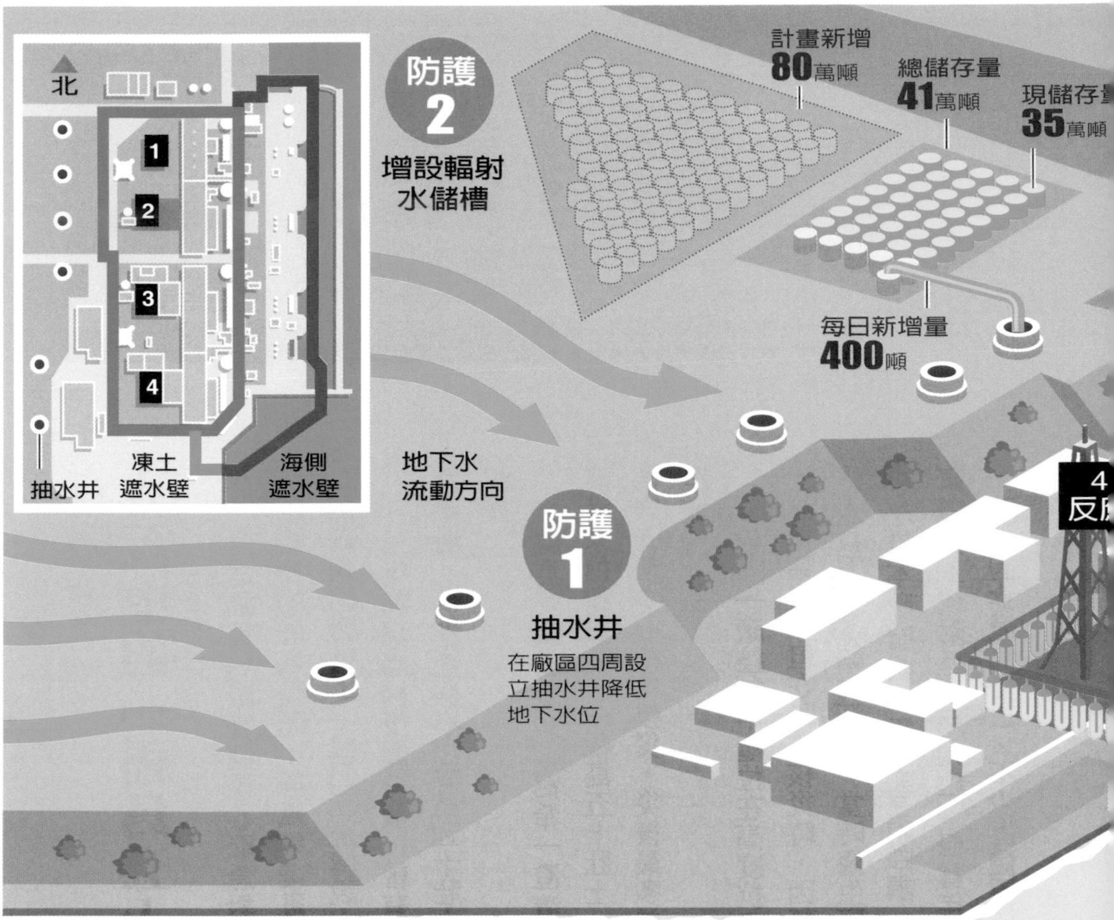
北
1
2
3
4
抽水井
凍土
遮水壁
海側
遮水壁
防護
2
增設輻射
水儲槽
計畫新增
80萬噸
總儲存量
41萬噸
現儲存量
35萬噸
每日新增量
400噸
地下水
流動方向
防護
1
抽水井
在廠區四周設
立抽水井降低
地下水位
4
反應

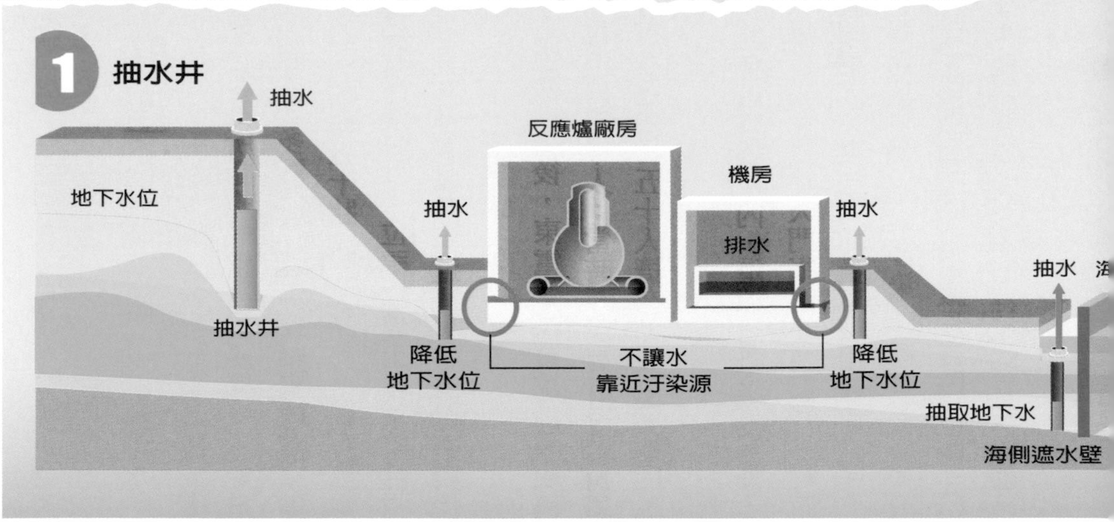
1
抽水井
抽水
地下水位
抽水井
反應爐廠房
機房
排水
抽水
抽水
降低
地下水位
不讓水
靠近汙染源
降低
地下水位
抽水
抽取地下水
海側遮水壁

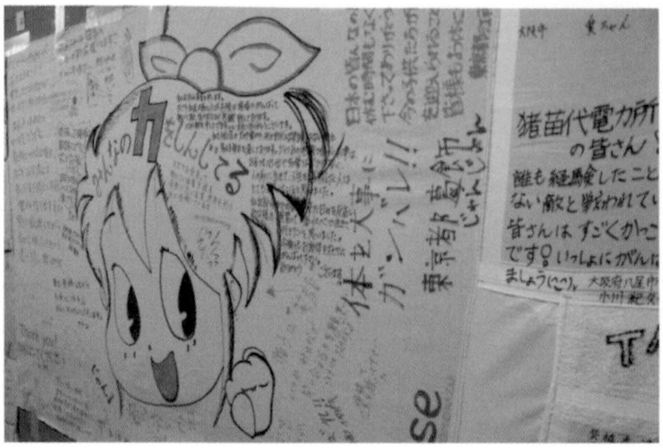

福島一廠管制中心辦公室內，貼滿各界加油打氣的信件與海報。

直擊！傳說中的「福島五十壯士」

走進福島一廠管制核心緊急對策本部室所處的「免震重要棟」，走道旁用簡易的屏風隔開；屏風後凌亂地躺著許多剛從廠區工作結束的東京電力正職或約聘員工，他們正是傳說中的「福島五十壯士」。

三年前福島核災爆發後，曾有媒體報導有五十位福島勇士留下來搶救反應爐，被外界冠以「福島五十壯士」，甚至有媒體稱這些人中有黑道與流浪漢。

福島一廠副廠長菅沼希一澄清，福島核災後，東電並沒有找黑道或流浪漢來搶救電廠，「福島五十壯士」也不只五十人；當時至少有近百位員工留守管制中心搶救核災，災後最多曾有多達七百五十人擠在免震重要棟內工作。

福島一廠控制中樞位在高度抗震的免震重要棟內，這棟建築除抗震外，也能抗輻射，但在福島核災時，因氫爆造成免震棟大門損壞，免震棟內的工作人員因此遭輻射汙染，當時醫生緊急要求免震棟內的員工服用碘片。

日本政府與東電迄今仍強調，福島核災的輻射汙染並沒有直接造成東電員工或附近居民死亡；但當年處理核災的福島一廠廠長吉田昌郎二〇一三年因食道癌死亡，不少媒體質疑東電隱瞞了核災輻射汙染的真實影響。

福島一廠工作人員身穿輻射防護裝，在結束廠區工作後，排隊準備進入辦公休息區。

東電指出，吉田昌郎在福島核災時約承受七十毫西弗的輻射劑量，雖然高於一年不超過五十毫西弗的安全規定，但核災與吉田昌郎得癌症並沒有因果關係。

目前每天在福島一廠進出工作人員約三千名，其中東電直屬和約聘員工各半。菅沼希一說，依規定，在福島一廠的工作人員一年吸收輻射量不能超過五十毫西弗，五年內累積不得超過一百毫西弗。

上述三千名工作人員正日夜搶救福島一廠，希望能讓福島一廠早日脫離核災風暴。這些真實的「福島五十壯士」每天承受高風險與高壓力，東電每半年要為這些工作人員抽血檢驗，每年要做健康檢查與癌症篩檢。

遺恨福島
日本核災難復原

晚冬的日本東北仍是白雪片片的北國景色。從福島縣首府福島市前往核災管制區雙葉町，沿途是美麗的原始森林，若不是手中的輻射偵測器不時嗶嗶作響，一般人可能會忘記這裡是福島核災受創最重之處。

日本福島核災爆發滿三年，「福島復興」是福島縣內最常見的標語，但福島居民石田政幸說：「福島會復興，但沒辦法復原。」

除不掉的傷……祖墳也遷了

在福島核災後，日本展開史上最大規模的除染（清除輻射汙染）工程，校園、公園內的土壤被剷起，換上沒有汙染的土；除染工程人員挨家挨戶清洗房屋。日本希望在二〇一六年左右完成這項浩大工程。

石田政幸卻對除染效果大表質疑，「除染完畢，一片樹葉從樹梢飄落，（輻射量）又上升了。」

記者持輻射偵測儀器測量，在福島核災管制區內的主要幹道附近，雖然偵測到的輻射劑量在每小時〇．二微西弗左右，低於官方的每小時〇．二三微西弗標準，但轉往較郊區的樹林內，輻射劑量立刻增加到每小時〇．四微西弗。

福島一廠附近的海邊，仍可見到311海嘯遺留下來的各種廢棄物。

當地火車站內仍擺放著2011年3月11日的報紙。

福島災區內的掛鐘時間，仍停留在地震發生的那一刻。

在福島核災後發生兩年多後，石田政幸一家人才獲准探視他們在雙葉町的老家，但這距離真正的「返家」，還有遙遠的距離。

雙葉町面積五十一平方公里，約是五個台北市大安區大小，緊鄰著發生核災的福島一廠，是受福島核災影響最深之處。到二〇一三年底為止，仍有高達百分之九十六的町面積被列為「歸還困難區域」，禁止居民返家。

石田政幸的母親石田喜久子帶著記者來到石田家祖墳前，因三一一地震損毀的墓碑，迄今無法修復。石田喜久子指著一旁同樣頹圮的墓碑說：「這家人已把祖墳遷往鹿兒島，不會再回來了。」

同樣緊鄰福島一廠的富岡町，空城蕭條的景象與雙葉町毫無分別。

當地一座知名寺廟寶鏡寺已人去樓空，因擔心竊賊，住持把鍍金的神像一起帶走。退休教師佐藤三男說：「連神明都走了，人要回來就更難了。」

帶不走的鞋……甲子園夢碎

福島縣立雙葉高等學校的操場上，在福島核災三年後，輻射量仍高達每小時一．四微西弗。

雙葉高校是福島有名的棒球名校，曾兩度打入日本全國甲子園大賽，校園中的棒球場計分版上，還寫著「二〇一一（距春季甲子園大賽）四十二天、（距夏季甲子園大賽）一百二十四天」。

雙葉高校載送棒球選手的遊覽車還停在廢棄的校園內，球場旁的鞋櫃

核災管制區內到處可見海嘯重創的車輛與房屋。

校園內的操場旁，遺留著學生來不及帶走的球鞋與球具。

福島核災管制區目前僅部分開放民眾返回家園收拾家當，但禁止民眾過夜。

管制區內的商場已變成廢墟。

福島災民在核災發生數年後，才獲准返鄉，許多災民的祖墳因地震損壞，但卻無法修復。

中還擺放著選手來不及帶走的釘鞋，雙葉高校的甲子園夢，還要很多年才能重現。

福島核災後，包括雙葉高校在內的眾多境內中小學，紛紛遷往外地，或是與其他學校共用校園，或者是棲身在臨時搭建的組合屋內，由於不少校園汙染嚴重，未來要原地辦學的機會幾乎等於零。

回不去的家……二萬人流浪

包含雙葉町、富岡町等十一個核災管制區域，目前還有超過二萬人在外地避難。日本官方承認，部分受輻射汙染的區域，恐永遠無法讓居民返鄉。

東京電力副社長石崎芳行在三一一地震爆發時擔任福島二廠廠長，現在兼任東電福島復興本社最高主管，肩負福島核災善後與復原重任。

石崎芳行指出，福島除染目標希望在二〇二〇年前完成，「很遺憾有部分居民可能無法回來」。

福島災民無法返鄉，除受限於除染進度外，除染工作累積的龐大廢棄物，目前仍堆放在福島縣內，未來日本政府將在福島縣內興建中間儲存場收存這些廢棄物，而這些儲存場址附近，未來都無法讓民眾居住。

吉澤正已是福島縣浪江町一座牧場的管理員，福島核災後，吉澤正巳不忍牧場飼養的福島和牛餓死，成立「希望的牧場」，在輻射威脅下，繼續在當地照顧牛隻。

由於缺乏經費，「希望的牧場」內的牛隻，吃的是受輻射汙染的糧草。吉澤正巳說：「我已六十歲，就算受輻射影響，應該可以再活二十多年，我會照顧這些牛隻到死為止。」

吉澤正巳指著「希望的牧場」內東電豎立的電塔說，在福島發的電，透過這些電塔送往東京，但福島核災的代價，卻由當地人承擔。

吉澤正巳周周從福島開著反核宣傳車，跋涉三百里到東京街頭演講，去年共在東京演講七十一次，「我要讓東京人知道，福島有那麼多被遺棄的村莊、被遺棄的牛，只是因為你們要用便宜的電。」

「希望的牧場」內的廢棄水塔上用噴漆寫著大大的「三一一、無念」，描述災民對三一一爆發的福島核災有多麼的悔恨與不甘心。

這個悔恨，就像看不見卻令人聞之色變的輻射汙染一樣，還要伴隨日本很長的時光。福島核災的代價，日本得用好幾個世代，才能還清。

日本福島希望牧場中受輻射感染的牛隻。

吉澤正巳是日本有名的反核代表，他管理的「希望的牧場」內的牛隻全數都遭輻射汙染，但吉澤正巳堅持要與牛隻共存亡。

福島孩子力抗隱形敵人

郡山市距離福島核電廠約七十公里，這裡最小的小孩幾乎不知道在外頭玩是什麼感覺，對輻射的恐懼讓大人幾乎整天把小孩關在家裡。

限制外出，孩子只能關在家裡

二〇一一年福島第一核電廠發生事故後，政府嚴厲限制民眾到戶外活動。至今限制已放寬，但家長的憂慮與生活型態改變，顯示很多小孩依然家裡蹲。官員與教育人員說，兒童長期被關在家裡的影響開始浮現，他們體力與協調變差，甚至有人無法騎腳踏車，也出現脾氣暴躁等情緒問題。

郡山市商業中心幼稚園園長平栗光弘說：「有些孩子非常害怕輻射，吃每樣東西前都問『這個有輻射嗎？』。我們得安撫他們說沒問題。」該幼稚園位於福島核廠以西約五十五公里。他說：「有些孩子非常、非常想去外面玩。他們想去玩沙子堆城堡。我們必須告訴他們說，很抱歉，不行，在教室裡玩沙吧。」

二〇一一年的海底地震與海嘯使福島核廠氫氣爆炸與爐心融解，釀成自車諾比以來最嚴重的核災難，原以稻米、牛肉、桃子聞名的福島縣籠罩在輻射中。當局將核廠方圓三十公里劃為禁止進入區，近十六萬民眾被迫撤

南相馬市高見町第一應急住宅對面，為了災民新設立的公園內，張貼著公園內的遊樂設施與泥土都經過除染的告示。

離家園。其他輻射不那麼嚴重的地區採取防禦措施，更換公園與學校操場的地板，淨化公共空間例如人行道，並限制兒童的戶外玩樂時間。

三歲小孩，也懂得害怕輻射

核災發生不久後，郡山市建議民眾，二歲以下小孩每天在戶外時間不應超過十五分鐘；三到五歲小孩活動時間應在三十分鐘以下。二〇一三年十月郡山市取消這些限制，但家長的憂慮，讓很多幼稚園與托兒所維持戶外活動時間限制。

在郡山市某室內運動場，一個媽媽告誡小孩說：「不要到外面去。」即使是三歲小孩，也知道「輻射」這個字眼。

儘管有孩童因車諾比核事故罹甲狀腺癌的病例，但聯合國去年五月表示，福島事件應不會提高居民罹癌率。然而，家長對於待在戶外依然相當緊張。有三個兒子的三十四歲主婦金田步說：「我盡量不出門也不開窗戶。我在離福島很遠的地方買菜。這是我們現在的生活。」

日本災民居住在由我紅十字會捐贈的住宅內，手中拿的收音機，是當初311災變爆發後從老家帶出的家當。

隨時打包 福島災區得偵測強迫症

年逾七十歲的川崎芳治夫婦，在福島核災後失去了家園，二〇一三年底搬進由台灣紅十字會資助興建的新地町高齡者共同住宅。川崎芳治靦靦的向記者介紹他的新家，福島核災後他唯一從老家中來得及帶出的物品，是擺放在他新臥房床頭的收音機。

「福島核災後，政府要我們隨身攜帶收音機接受指示。」川崎芳治說，雖然已經搬到沒有輻射威脅的新地町，但川崎芳治夫妻仍把核災緊急逃生的必需物品，打包好放在客廳最顯眼之處。

輻射偵測器、收音機不離身

福島核災後，日本政府發給災區居民每人一支簡易輻射偵測器，像是一支大型鋼筆的偵測器可以插在口袋裡隨身攜帶，福島地區不少低頭族看的不是智慧型手機，而是輻射偵測器。

雙葉町居民松井敦史打開背包，除了政府發放的簡易輻射偵測器外，他還另外自費買了一台更精密的手持輻射偵測儀。

松井敦史說，福島核災發生後，日本官方救災體系紊亂，在沒確定輻射飄散方向前就叫災民撤離，他氣憤地說，不少雙葉町災民撤往西北邊的浪

石田政宏喜久子當年只拿一箱物品就趕快逃離，現在家裡仍堆放著隨時可帶走的重要財物。

石田政幸在自己新住處測量輻射量為0.25uSv/h。

江町，但沒想到風向將福島一廠的輻射物質吹往浪江町方向，讓災民受到更嚴重的傷害。

在福島縣內，隨處可見輻射偵測儀器，松井敦史坦言不少災民心情隨著輻射偵測器上的數據起起伏伏，「像是一種強迫症」。

隱形恐懼，像輻射般如影隨形

福島市健康福祉部在福島市內設立的一座兒童室內遊戲場，最受小朋友歡迎的項目是玩沙池，在沙坑旁特別貼了一張告示，強調池裡的沙不是取自於福島，而是來自隔壁的山形縣。

帶女兒來這座遊戲場遊玩的植木佑二說，在福島核災後，福島縣一年要為兒童健康檢查二次，他說對於女兒會接觸到的日常用品，一定會注意輻射的問題。

日本社會在福島核災後，出現一種跟輻射一樣看不到的，對核災災區的隱性排斥。

在福島一廠南方二十五公里處的廣野町，受核災影響輕微，境內的民宅與農地在去年已經百分之百完成清除輻射汙染工程。氣候宜人、風景秀麗的廣野町不但是日本知名的農產品與觀光聖地，過去更是日本國家足球代表隊的訓練基地。

廣野町官員飯島洋一說，廣野町的生活機能已經逐步恢復，但專業人

福島是日本的傳統農業大縣，但核災後，包括福島米等過去受歡迎的農作物，在日本消費者心中，都有揮之不去的陰影。

才不願意來廣野町，讓政府很頭痛，「像是廣野町的醫院重新開張，但卻找不到牙醫願意來駐診」。

對災區的排斥，給災民帶來二度傷害

廣野町生產的稻米在福島核災前深受日本消費者喜愛，在核災後銷量慘跌，即便日本首相安倍晉三等官員帶頭吃福島的農產品，以示安全無虞，但廣野町的稻米銷量仍只有福島核災前的半數不到，飯島洋一說，「稻米售價遠不如前」。

京都在二〇一三年夏天舉辦的一場宗教活動，原本要使用福島縣內生產的木材焚燒祭拜祖先，但在民意的壓力下，最後悄悄地改用其他地方生產的木材。

日本綠色和平核能部門主任鈴木一惠指出，福島核災讓日本民眾對官方或電力公司已無信任感，輻射汙染的陰影，讓日本民眾要拿福島產品送朋友時，「擔心會不會受到另眼相看」。

日本福島聖心三育保育園兒童遊戲場內提供兒童玩耍的沙，特別從外地運來，並經過輻射檢測。

商場內的商品都要強調來自於非核災區域。

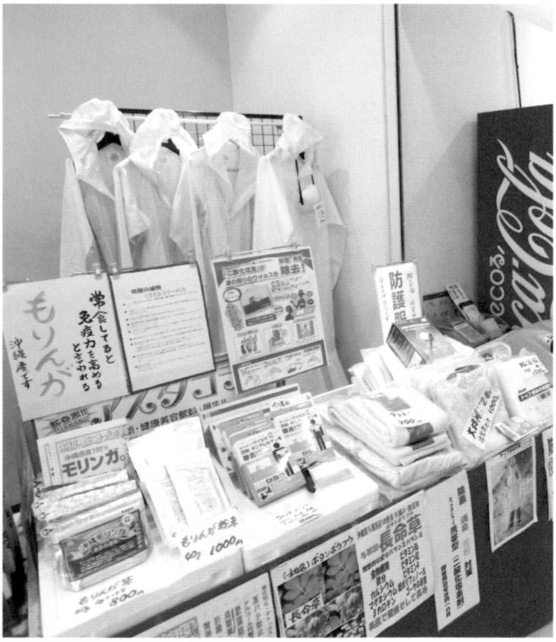

核災的陰影仍籠罩在福島附近的居民心中，商場隨處可買到輻射防護衣物與裝備。

東京大遊行，反核電重啟

日本三一一強震伴隨福島核災事故滿三年，東京反核團體每周五集會，九日的遊行是三團體結合的「擴大版」。來自茨城的主婦佐藤對本報記者說，她不相信政府說以安全為前提才讓核電廠再運轉，「以前政府也告訴我們，福島核電廠絕對安全啊。」

日比谷公園戶外音樂堂舉行遊行前的集會，出席的知名音樂家坂本龍一說，現在最苦惱的福島災民不一定有辦法為自己發聲，所以「福島、關東、東北地區的人們，一定要手牽手、心連心，讓聲音傳出去，否則反核運動不會成功。」主辦單位宣布有一萬兩千人遊行，另有民眾包圍國會、東電公司及向首相官邸呼口號抗議。

佐野一家三口，三年來參加數次示威，佐野媽媽說，「安倍政府不去面對現實，那就是福島核災根本沒有控制住。」佐野爸爸表示，以前他對核電問題漠不關心，三一一後全家人一致反核，但「日本媒體對反核運動報導愈來愈少，畢竟一些財團、電力公司是他們的金主呀」。

三月初日媒做民調，有七成七的福島居民覺得「日本人對核災的關心程度降低了」。本報記者現場觀察，平面媒體多是地方報記者，還有零星的外國電視台攝影。

這場遊行的訴求便是「勿忘福島，不容核電廠重新啟動」，福島仍有

隨著時間過去，日本反核電的示威聲浪有下滑的趨勢，但日本即將推動重啟核電廠，日本民間的反核浪潮很可能再度高漲。

十四萬人過著逃難生活。安倍政府明確要推動核電，但強調核電廠必須通過最高安全標準審核，才會再運轉。主婦佐藤難忘強震後停水斷電的日子，茨城境內也有核電廠，她說，核廢料無處可去，反對核電廠再啟動。

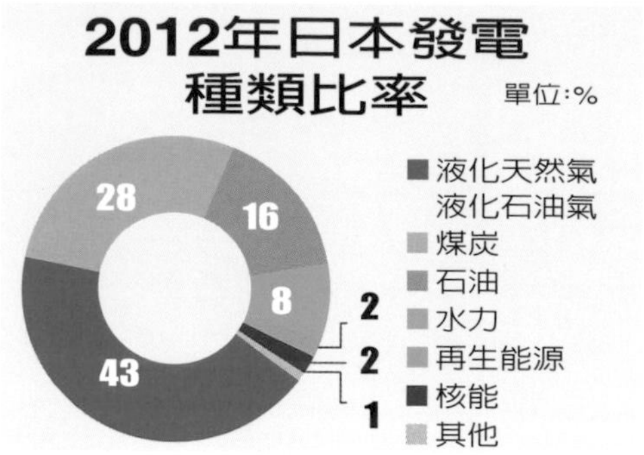

零核電政策結束，日本重啟核電

日本內閣會議二〇一四年四月通過新的「能源基本計畫」，載明將重新啟動核電廠。首相安倍晉三在眾議院表示「不可能就這麼輕言放棄核電」。這是日本二〇一一年福島核災發生以來首度推動核電政策。

在安全前提下，重啟核電廠

日本內閣通過中長期的能源政策方針，記載核電是「日本重要的基載電力」，將在確保安全的前提下重啟核電廠，推翻三年前民主黨政權時代的「零核電」政策。

計畫中鼓勵使用太陽能、水力發電等綠色能源，不過沒有具體的電力組合目標，僅說綠能「要朝向比過去更高的水準努力」，並註記上次政府目標是「二〇二〇年達十三．五％」、「二〇三〇年約兩成」。安倍說，會考慮設定電力來源分配比例目標。

內閣官房長官菅義偉說：「現階段設定目標有困難。」新版能源基本計畫中說，核能在總發電量中所占比例「會從核災的教訓深切反省，盡可能少用」，三年前「不新建核電廠」的原則也已消失，留下新建、增建的可能性。

安倍說：「目前沒有新設或增設核電廠的計畫」，尋求能源多樣化的同時，會專心思考重啟現有核電廠，未來再視情況設定最佳的組合目標。

新版能源計畫，反核人士難接受

日本綠色和平組織核能專案主任高田久代說：「內閣通過的新版能源基本計畫是政府與政客妥協的產物，相當於對核電廠與核能產業的基本產業支持計畫。我們都知道核電廠意外可能使國家陷入極其重大的危機，未來二十年還要持續用這麼危險的方式發電，完全無法接受。」

日本自民黨大老、眾議員細田博之指出，福島核災後，日本仍確認核電是重要基載電源，已停機的核電廠一旦通過原子力規制委員會審查，就會重啟。

細田博之強調，核能的問題不能丟給下一代，日本除了追求全球最高水準的核能安全性，也要改善核災賠償制度，支援地方政府完善核災避難計畫，並且盡最大努力處理核燃廢料，推動核燃料循環使用。

愛懼核電
日本民眾心情像吃河豚

福島核災滿三年後，日本的新能源政策方向已逐漸明朗。二〇一四年二月，日本首相安倍晉三在日本眾議院演說時指出，日本要立足現實，實施可以取得平衡的能源計畫。

在日本官方最新公布的能源基本計畫中，日本確定將核電納入供電來源之一，但同時追求降低對核能的依賴。

能源籃子，核電多少比重

日本原子力前委員秋庭悅子說，核安很重要，經濟也很重要，日本的能源政策必須找到 Best Mix（最佳組合）。

Best Mix 是過去一年日本官、學界討論日本能源方向的關鍵詞。Mix 代表進口能源比重逾九成的日本，必須將能源使用比重分散到不同籃子中；但什麼樣的比重對日本來說是最佳？

核電是不是不同組合中的一員，日本反核、擁核雙方仍在激辯。

日本官方智庫能源與經濟研究所主任研究員青島桃子指出，日本確定核電是供電來源之一，不但代表日本的零核電道路即將改弦更張，更重要的是，確認核電是日本能源不可或缺的一部分。

雖然受到福島核災重擊，但日本仍把核電與火力發電列為基載電源，像是柏崎刈羽核電廠與川崎火力發電廠，是東京首都圈重要的供電來源。
上圖：柏崎刈羽核電廠。下圖：川崎火力發電所內空地，目前正在加蓋。

福島核災後，日本大量採用火力發電取代核電，雖實現了零核電，但卻付出了高昂的費用與空氣汙染代價。

「日本不像歐洲國家，可以仰賴他國供電。」日本總合研究所理事長寺島實郎也表示，過去五十年日本不斷追求穩定能源供給與降低能源價格兩大目標，要達到這兩大目標，日本必須保有一定的核電比重。

日本原本計畫在二〇三〇年時，要將核能發電比率提高到五十三％的計畫，但福島核災後，日本已經兩度全面關閉核電廠。

零核電背後，是日本花費鉅資買天然氣發電，日本民眾則面臨火力發電引發的空汙健康風險。

再生能源，能取代核電嗎？

花大錢取代核電是日本現況，但反核派卻據以宣稱「沒有核電也不會缺電」。

日本環境能源政策研究所所長飯田哲也指出，日本應該大膽、果斷地停止核電，「不要再等」，日本若同時大力推動節能與發展再生能源，「百分之百可以取代核電」。

二〇一三年底日本出乎外界預料，宣布要下調二氧化碳排放目標，這是日本降低核電發電比重的後遺症之一。

以天然氣等火力發電取代核電，讓日本供電在過去三年一直處於高度緊張的狀態。

日本天然氣仰賴進口，在每年用電量最大的夏天，天然氣庫存量只有

核災提高了日本推動再生能源的意願，像是小型水力發電，在日本各地的能見度提高不少。

七天，與台灣一樣，「斷氣就等於斷電」。提供東京首都圈供電的川崎火力發電廠廠長小關正剛坦言，因為天然氣發電重要性提高，日本天然氣發電廠歲修時間被迫縮短。

核廠重啟，六成民眾反對

日本已有十六部核能機組申請恢復重新運轉，最快今年夏天前，日本又將有核電投入供電行列。

經濟上的龐大利益，讓日本官方推動核電廠重新啟動的態勢愈來愈明顯，但日本民意反對核電廠重啟的聲浪仍大，日本共同社在一月底對日本全國的最新民調顯示，有多達六成民眾反對核電廠重啟動。

日本原子力技術協會前最高顧問石川迪夫形容，當前日本對核電又愛又懼，就像日本人「愛吃河豚，但又擔心吃了河豚可能會沒命」。

日本人無法放棄美味的河豚，對於核電的經濟利益也難割捨。石川迪夫說，日本人愛吃美味但有劇毒的河豚，但也愛惜生命，因此會想辦法不要因吃河豚而丟了性命，「日本對核電的態度也一樣」。

福島核災後，日本太陽能發電成長速度已經位居亞洲前段班，像是藤野電力等民間組織，也熱中推動太陽能DIY教學。

追日種電
日本人想擺脫核依賴

冬季的周末假日，距離東京一小時車程的神奈川縣相模原市綠區，湧進了一批報名參加藤野電力舉辦的太陽能工作坊的學員，冒著冬日寒風學習組裝太陽能發電系統。學員鈴木先生說，希望他的家中用電可以靠太陽能，「若每個日本家庭都這麼做，日本就不需要核電了」。

追求能源自主，社區民眾動起來

藤野電力並不是一家電力公司，而是一群住在相模原市綠區（原名藤野町）的居民，為尋求轉型為永續生存的社區，在福島核災後開始追求能源自主，希望不再向傳統電力公司買電。

福島核災後，愈來愈多日本人開始反思，與其使用有安全疑慮的核電，為何不使用隨處可得的太陽能？日本各地出現愈來愈多像是藤野電力的組織，他們不想冒核安風險，不再向傳統電力公司買電。

當前的日本，處處可見民宅、超市或工廠屋頂裝設著黝黑閃亮的太陽能發電板，鄉間農地種的不再是傳統農作物，而是「電」。

二〇一一年福島核災後，隔年七月日本開始實施再生能源特別措施法，到二〇一三年十月底的十六個月，日本新增五百八十五・二萬瓩的再生能源

日本再生能源發展情況

再生能源項目	2012年7月以前	2012年7月至2013年10月
住宅太陽能	470	183.9
非住宅太陽能	90	382.7
風力	260	7
中小型水力	960	0.5
生質能源	230	11.2
地熱	50	0.1
合計	**2060**	**585.2**

（萬kW）

註／日本在2012年7月開始實施再生能源特別措施法
資料來源／日本經產省　製表／王茂臻

發電裝置容量，較法案實施前多了近三成，比台灣目前運轉中的三座核電廠的裝置容量總和還高，其中高達九成七是太陽能發電。

目前日本各家大型家電賣場，都可見到太陽能發電廠商設攤駐點，協助消費者評估、申請到安裝太陽能發電系統，費用壓低到只要台幣十萬餘元。

住宅安裝太陽能板，發電還能賣電

在自家屋頂安裝太陽能發電系統的田中裕二說，白天外出工作，家裡用電很少，太陽能發電賣給電力公司，每度可賣三十八日圓，晚上再以每度二十五元向電力公司買電，一來一回之間，省了不少電費。

「政策力挺、民心支持，讓日本太陽能發電爆發速度超出市場預期」，愛媛縣松山市的太陽能模組廠E-Solar執行長孫斯美指出，各國發展太陽能發電的快慢，與政府政策支持力道的強弱密切相關。

E-Solar是台灣旭晶轉投資的公司，不僅生產太陽能發電模組，自身還在鄰近的廣島設立地面太陽能發電站賣電賺錢。除了旭晶外，另一家上市公司碩禾，去年也宣布在日本東北興建太陽能發電站，今年日本將成為僅次於中國大陸的全球第二大太陽能市場。

福島核災點燃了日本民眾期待擺脫核依賴的火種，也讓日本再生能源列車，找到了快速前進的新動力。

日本太陽能普及率，因官方政策補貼而快速提高，一般家庭屋頂裝設太陽能板，不但能自用，也可以賣給電力公司。

太陽能裝備販賣走入家電大賣場。

藤野電力在牧鄉小學舊校區的發電站。

日本參議院議員山本太郎預測，日本在2016年前很難解決福島輻射汙水問題。

反核、擁核，各有支持者

反核派

不激進：日本若核公投，非常危險

不同於其他日本國會議員穿著西裝筆挺，由明星轉行踏入政界，二〇一三年七月才當選日本參議員的山本太郎，穿著輕便接受專訪；去年底因向日本天皇遞交反核書信的他，正遭受來自日本各地的死亡威脅書信。「反核者在日本政界是弱者」，這位政界菜鳥說：「在日本，只要稍微表達反核意見，就會被視為激進派。」

日本去年取得二〇二〇年東京奧運舉辦權，舉國上下都為此感到興奮，但山本太郎說，「我反對舉辦東京奧運」，「日本政府應該把舉辦奧運的經費，先拿來幫助因福島核災而無家可歸的災民」。

日本取得東京奧運舉辦權，幾乎可以說是壓倒性的擊敗競爭對手，但唯一的變數，也是外界質疑的是福島核災引發的核廢水問題，日本能否順利解決。

「安倍撒了大謊。」山本太郎說，日本要在二〇一六年前解決或控制福島核電廠的輻射汙水問題非常困難，「我等著看他怎麼圓謊。」

安倍政權的高支持度，即便日本反核比率仍處歷史高點，但日本正逐步從福島核災後的零核電狀態，朝向恢復核電廠運轉，日本政府與民眾對核

日本綠色和平核能主管鈴木一惠說，日本主流民意是反核電，選安倍並非代表民意挺核電。

電的落差，山本太郎形容是「一百八十度的不同」。

山本太郎指出，日本國民多數是溫順、服從的個性，很容易受到媒體、輿論的左右，而日本媒體報導又受到企業等廣告主的影響。

山本太郎說，他很羨慕台灣反核聲音可以從各個輿論或媒體發聲，「日本若與台灣一樣採用公投決定核電廠前途，會是一件很危險的事」。

很無奈：選安倍，並非挺核

日本首相安倍晉三前年底就任後沒多久，隨即宣布檢討之前日本政府的零核電政策，讓日本不少反核人士大罵被騙了。日本綠色和平核能部門主任鈴木一惠對著來訪記者深深一鞠躬，她說：「對不起，我們選了安倍（當首相）。」

「日本選民選安倍是投拚經濟一票，並不是支持核電」，鈴木一惠說，日本七成民眾不希望核電廠重新啟動，「安倍對核電的政策是違反民意」。

前年中，日本民眾抗議大飯核電廠重啟，吸引二十萬人包圍首相官邸的反核聲勢，近期有衰退的跡象。

日本環境能源政策研究所所長飯田哲也說，反核人士在日本社會相對比較被孤立，加上安倍政權把拚經濟放在首位，核電議題巧妙的放在第二順位，「讓日本反核電的氣勢，不再像兩年前那麼高漲」。

鈴木一惠的看法與飯田哲也類似，日本近期的反核聲音確實比過去幾

日能源政策所所長飯田哲也說，日本可能再度政黨輪替，核電政策也可能轉變。

年小很多，但鈴木一惠指出，隨著日本官方即將決定核電廠重啟方向，必將激起反核人士上街頭抗議。

飯田哲也指出，安倍政權對重啟核電一事獨斷獨行，下一次大選時，選民一定會對此做出反應，日本可能再度政黨輪替，核電政策也可能再度因此轉變。

飯田哲也表示，二〇一三年九月大飯核電廠停機歲修後，日本再度進入零核電狀態，日本零核電期間愈久，民眾愈能相信日本可以擺脫核能依賴。

飯田哲也說，日本人不能只想維持現在的舒適生活，只想著眼前的方便，而是應該立刻開始節能省電，「維持生活品質跟廢除核電可以共存。」

有日本「抗議天王」封號的松本哉指出，日本反核聲音降低，是因為日本人不善於和別人打交道，往往要等到無可奈何時，才會表達自己的聲音，「在居酒屋抱怨幾句」。

松本哉說，他希望帶起日本一種新的反核電浪潮，「若是照過去日本人的抗議方式，來一百萬人也沒用」。松本哉指出，日本人太相信政府，未來他會號召更多的朋友站起來，向日本政府表達反核的聲音。

日本原子力前委員秋庭悅子指出，核安重要，經濟發展也很重要，必須在兩者中取得平衡。

擁核派

不信任：核安風險，要說清楚

日本原子力委員秋庭悅子指出，福島核災後，日本要重振民眾對核安的信心，必須做到平民化的溝通，改正過去單向對民眾說明核安，轉為與民眾雙向交流，並坦誠告知核安的所有風險；她相信日本民眾會理性思考核電對日本的必要性。秋庭悅子表示，核能安全很重要，但日本經濟與再生能源發展也很重要，日本要在其中取得平衡。

日本內閣府原子力委員會成立於一九五六年，成員由總理提名，負責提倡與推動安全的發電，並以民主的方式落實能源政策。秋庭悅子是三位原子力委員之一。

三年前的福島核災，讓日本國內反核聲浪攀升至史上最高峰，近期日本國內民調顯示，反對核電廠重啟的比重，仍高達六成以上。

秋庭悅子指出，對核安的信心一旦流逝，就必須花費很長的時間，一點一滴的重新贏得民眾的認同，其中的關鍵在於「資訊透明」。

在三一一大地震前，日本官方與電力公司對核安信心十足，但福島核災扭轉了民眾對核電廠的信心。

秋庭悅子說，沒有百分之百安全的核電廠，政府與電力公司應該明白告訴民眾，核電所有潛在的風險。

秋庭悅子說，過去日本政府與民眾溝通核安，著重於講「理」，但一

日本福井美濱町長山口治太郎批評日本用火力取代核電，造成的空氣汙染對民眾傷害更大。

堆科學詞彙，一般民眾未必聽得懂，除了對民眾「講」核安資訊外，更應該「聽」民眾擔心什麼，「有講、也有聽」，才是真正的溝通。

零核電很燒錢，能撐多久

日本核能大老、前眾議員後藤茂指出，日本政府對核電的取捨，必須同時考量「（核能）安全」與「經濟（安定）」，日本的零核電是建立在一個非常勉強的基礎上：「能支持多久大有疑問。」

後藤茂指的「勉強的基礎」，是日本近三年以驚人的「燒錢」速度，達到零核電卻不限電的目標。

到二〇一四年一月為止，日本已連續十九個月寫下單月貿易逆差，去年日本貿易逆差更創下史上最高紀錄，已逾十兆日圓。福島核災後，核電幾乎完全停擺，必須靠大量對外採購天然氣用於發電。日本媒體形容：「日本國家財富正以每天百億日圓的速度流失中。」後藤茂指出，核電不是百分之百安全，「就跟搭飛機一樣」，但對自有能源不到一成的日本來說，核電是必要的選擇。

日本福井縣附近有美濱、大飯、敦賀、高濱四座核電廠、多達十三座核子反應爐，日本全國近四分之一的核子反應爐集中在福井縣附近，讓福井擁有「核電的銀座」稱號。

福井縣美濱町長山口治太郎說，「福島核災是人禍，不是天災」，他表示日本有能力把核安做到更好，讓民眾重新接納核能。

「核電不是零風險，日本國民必須了解、也必須接受。」日本能源與經濟研究所核能研究主管村上朋子指出，在福島核災後，日本已提高核電廠運轉安全標準，讓核電資訊比過往更透明。

村上朋子指出，目前日本能源政策發展的隱憂是，「大多數人不了解反對核電會帶來什麼結果」。

山口治太郎說，福島核災後，日本大量採用火力發電取代核電，火力發電的空氣汙染，對日本民眾健康威脅更大。

台灣
缺不缺電？

環團說

用電零成長，加上發展再生能源、增加天然氣發電，即可達到非核家園

台電說

即使核四商轉，備用容量率預估也達不到政府規定的 15%

斷電危機
產業若沒電，「一定斷鏈」！

元宵節，放天燈。二〇一三年新竹市府舉辦台灣燈會，計畫施放八千八百盞天燈，但不遠處的新竹科學園區卻進入備戰；只要天燈碰觸到超高壓電纜，就會跳電，瞬間壓降，造成科學園區重大損失。

最後一刻，果然逼得放天燈活動緊急喊停。

停電一天，竹科損失千億

一位當時在科學園區備戰的某大廠主管說，科學園區的工廠是二十四小時不能停，若因放天燈發生跳電，停電超過一天，可能使台灣瞬間損失上千億元，「就像高鐵以三百公里時速全力奔馳，突然斷電，那會是什麼情景？」

竹科更關注一個更龐大、更全面斷電的危機：核四商轉與否？

電是工業之母、生產要素。竹科某家具有國際競爭力的公司主管表示，對國家發展來說，必須要有適當基載及備用容量率，核四若無法商轉，接著核一、二、三除役，備用容量率將大幅下降；只要一個大電廠出狀況，全台都可能同步跳電，「高科技產業面臨激烈國際競爭，計畫性和臨時性限電，業界都無法承受」。

「一旦沒有電，毫無對策。」這位主管說，「沒有電，台灣高科技一定斷鏈；沒有電，擴廠和投資都不用討論，只能轉往國外；如果政府不讓我們去中國大陸，我們就到美國和日本。」

對反核人士主張，工廠可調整白天和晚上產能作為因應，亦即白天生產少一點，晚上生產多一點。

全天衝產能，限電難承受

「有競爭力的廠商都是二十四小時訂單滿載，無法白天少做一點，晚上再來趕工。」這位大廠主管比喻，就像在奧林匹克運動會上跑百米，都是世界級好手，「哪有前面跑慢一點，後面再加速，慢一點就會差很多。」

他說，現在的產業生態是第一名全拿，第二名賺很少，第三名開始虧，第四名虧很大，「不可能白天少生產還能贏的」。

台灣土生土長、至今未到海外設高爐的中鋼，對未來用電缺口憂心忡忡。中鋼現已有汽電共生系統，可自產五十五%電；擔憂政府未來無法解決供電問題，中鋼已著手在廠區附近規畫興建一座生質能電廠，提高自有供電比重達九成，以降低未來限電衝擊。

中鋼若停產，鋼鐵業恐垮

中鋼副總張西龍表示，中鋼自有供電比重雖高，但中鋼熱軋廠必須與

用電量龐大的新竹科學園區，是台灣的經濟命脈。

台電併聯運轉才能生產，若台電沒有電，中鋼的生產線也會斷掉。中鋼鋼品有六成供應國內中下游廠商，四成外銷，一旦中鋼生產中斷，中下游廠商改自境外進口，台灣就要回復到民國六十年代中鋼未建廠前，所有鋼品都必須由國外進口，被國外挾持、予取予求的時代。

他進一步估算，若核四不商轉，核一、二、三廠如期延役，用電由其他能源如天然氣取代，使中鋼用電成本一年增加二十億元以上。

張西龍表示，核電廠攸關產業競爭力，台灣此刻實不宜輕言全面廢核。

「有電可用，成本增加，算是情況好的。」張西龍說，最怕供電不足或限電，將對鋼鐵產業造成無法彌補的打擊，「不知道何時會被斷電，一斷電，生產系統就大亂，整批貨都無法用，無法對客戶承諾，無法交貨，整個鋼鐵產業鏈就會式微。」

張西龍說，台灣鋼鐵業利潤非常微薄，電爐業產每一噸鋼，利潤僅五百元新台幣，若廢核，用其他能源替代，就算補足用電缺口，光增加電費，就足以吃掉電爐業者利潤。而高爐業者，不是沒賺就是賺很少。

在這種情況下，他表示，一碰到全球經濟不景氣，台灣鋼鐵業將無法維持；而且台灣鋼鐵還要面臨ＥＣＦＡ貨貿協議簽訂而開放市場，屆時大陸產能過剩鋼品進口到台灣，會把台灣鋼鐵業整個打垮掉。

缺電高風險，逼廠商出走

「核四必須要商轉。」建大工業董事長楊銀明回憶起早期去中國大陸打拚時，也經常缺電，只好自備發電機，深感到缺電不便，以及對生產調度影響；而今，建大回流台灣擴廠，他很難想像，台灣竟然要出現缺電的風險。

楊銀明說，「台灣投資環境若因決電變差，建大海外有廠，產能就會調往海外，減少在台灣生產，但這不是建大所樂見。」

中鋼高爐已佇立在高雄廠區四十多年頭，當年中鋼是十大建設之一，台灣發展自主工業領頭羊；火紅的高爐是廠區心臟，必須二十四小時有電，維持高達二千度高溫以熔化鋼硬的鐵礦，同時打水冷卻，噗通噗通跳動著，

台電第四核能發電廠，廠區內高壓電力塔。

維持中下游生產線。

張西龍說，一旦沒有電，料加不進去，液態鐵水來不及流出來，最後會變成一個大鐵塊，整個爐子就報銷，「沒有電，爐子就毀了；心臟停了，就沒有呼吸，什麼都毀了。」

廢核缺電，台灣經濟休克

若因廢核，台灣產業用電缺口補不上來，台灣經濟是否將會如一座沒有電的高爐，最後凝固、窒息，成了動也不動的大鐵塊？當沒有電來跳動產業發展的心臟，台灣經濟還能呼吸？有氣息嗎？

這不只是產業界的焦慮，也是台灣老百姓心中揮之不去的問號。

一旦限電，憂八〇年噩夢重現

一旦核四不商轉，核一、二、三廠除役，備用容量率下降，勢將回到民國八〇年代限電的噩夢。然而，產業界也心知肚明，這次的限電，將和民國八〇年代限電將有很大不同。

八〇年代限電，產業共體時艱

「八〇年代限電時，是有新電廠在興建，產業界知道，只要熬過去就好，供電情況會改善；這次不同了，一旦限電，是未來二、三十年都不會改善，因為，不是只有核電廠蓋不起來，而是所有電廠，包括天然氣和燃煤電廠都蓋不起來。」

一位科技大廠主管直言，「當時是對未來有期待，現在是對未來沒有希望。」

科學園區管理局的主管解釋，電本來就不穩，下雨打雷，或是線路受到外來傷害，都會造成壓降；竹科去年也發生數十次的壓降，因有足夠備用容量率，很快就會打回去了，所以感受不到。

若備用容量率過低，每次壓降可能就會造成斷電，對工廠來說，這不是沒電可用而已，而會立即引發工安、環保問題。這位主管說，限電或對民生影響不大，「但工廠停電兩分鐘，你會忘不了」。

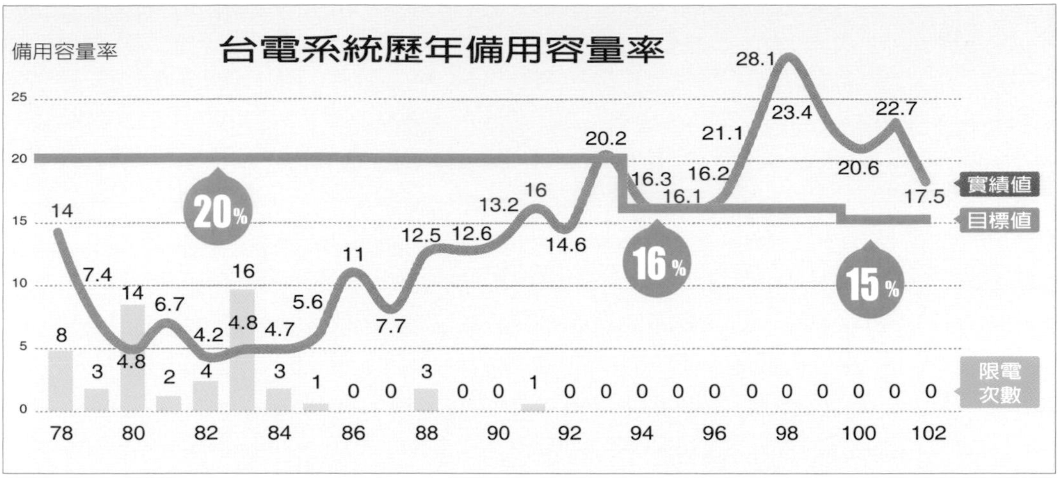

民國九十九年十二月二十六日午後，台電變電所維修開關時操作失誤，導致中鋼無預警斷電，雖短短兩分鐘就恢復了，但中鋼工廠現場卻一片凌亂。

短短兩分鐘斷電，工廠急翻天

「為保護生產設備不要過熱，一遇斷電會自動跳脫，很多機器就會停下來，黏稠的鋼會凝固在機台上；一片片鋼材是靠滾輪送進去軋延，電停了，鋼片就在滾輪上亂跑，在空中跳舞……」中鋼公用設施處長陳榮貴描述，「還有渦輪燃燒產生副產品，因停電來不及回收，就直接燃燒，然後冒煙，就引來工安及環保問題，居民就來抗議……」

民國八十年代，當時台灣經濟正在起飛，電力建設趕不上工業成長。現年六十二歲、能源運轉課副課長黃昌偉說，當時中鋼有發電機，台電拜託中鋼多發一點電給台電。

在中鋼任職三十四年的公用設施處作業規畫組長吳聯芳說，核四如果不商轉，到時可能要回到民國八〇年代限電的光景，「我是可以不吹冷氣，不知道現在年輕人可不可以？」

供電倒退，工總：台灣淪投資險地

「台積電面對三星的挑戰，已是一場硬仗，沒有核電，台積電在國際競爭上，不僅電價上漲，還要面臨懲罰性碳稅；再來個限電，不論台積電技術多進步，就是出局。」工總環保勞委小組召集人林明儒說，「那其他產業就更不用說了，台灣年輕人怎麼辦？只能去當外勞！」

能源政策，不可匆促決定

工總認為，不宜輕言廢核，亦不宜在國內反核激情聲浪中，匆促決定核四命運；核四務必安全才能商轉，核一、二、三廠是否延役，屆時可以全國民調為依歸。而政府要有能力確保、並有能讓人民相信核電的安全。

為確保核安，工總建議，比照日本核能管制機關「原子力規劃委員會」已審查通過新安全管制基準條文，提升我核電廠管制標準，並將原能會提升為獨立「國家原子能安全管制委員會」，並聘請美國及OECD（經濟合作暨發展組織）核能專家當顧問，監督核安；另外，「核安」定義及「斷然處置措施」應法令化，而不是只有口號。

林明儒表示，一旦核四無法如期商轉，核一、二、三廠延役，除了將面臨電價高漲外，台灣未來溫室氣體減量勢必無法達成，出口產品將面臨國際間懲罰性碳稅，並因碳足跡偏高，受到消費者抵制。

核四商轉vs.核四不商轉備用容量率

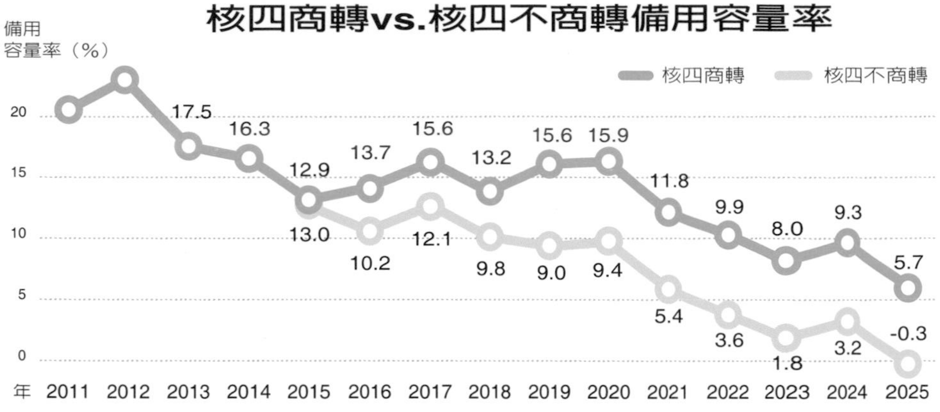

註台電係以電力需求僅成長1.8%計算備用容量率。　資料來源台電　製表江睿智

萬一限電，產業將受嚴重打擊

此外，隨著備用容量率下降，自二〇一七年開始限電將無可避免，台灣將由基礎建設完善的國家，倒退成為產業經營困難、投資風險偏高的險地。

林明儒指出，限電除了造成設備閒置、交貨延誤及增加成本外，尤其當上游產業生產停滯，零組件供應將受阻，牽連整個供應鏈，造成產品斷鏈；這對於處於全球高度競爭的台灣產業將帶來無法彌補的傷害，我原已停滯不前的經濟將急速弱化及邊緣化。

他舉例，日本福島核災後限電措施，衝擊全球DRAM產出；台灣經濟實力遠不如日本，若發生長期限電，台灣產業將因錯誤能源政策，只有走向關廠和外移的厄運。

經濟部：台灣是能源孤島，維持核電有必要

一月十六日近午，高雄永安港。船身近三百米、有五座儲槽的天然氣運輸船馬祖號在四艘拖船牽引下，緩緩進港。這天晴空無雲，來自印尼的馬祖號，在四天航行中，行經南海時因海相欠佳，延遲了兩個小時進港。

靠岸後，岸上和船上作業人員熟練地卸貨，透過遙控器操作巨人卸料臂，接上船上的儲槽口，並打開裝卸區水霧沖洗船身，以保護船體，防止攝氏零下一百六十二度的液化天然氣卸貨時滲出並接觸水霧。

六噸天然氣，年用電量〇．二%

如此小心翼翼，因為馬祖號載來六噸的天然氣，可發四億度電。但四億度電只是全台一年用電量的〇．二%；這般小心翼翼，仍無法永保台灣安康。

去年七月十三日中度颱風蘇力來襲，載著天然氣的台達輪，從中東越過麻六甲海峽，早已進入南中國海待命；只要蘇力颱風往西北移一步，台達輪就往北跑一步，緊跟著颱風，萬一蘇力颱風待太久，台達輪無法進港，台灣就有斷氣、限電危機。

那時核二廠當機，核一廠歲修，又正是夏天用電高峰，中油天然氣事

高雄永安天然氣接收站是國內最大的天然氣專用港，天然氣船停妥後，需用專用輸送管接收超低溫天然氣。

業部購運室主任陳玉山說，當時天然氣儲量明顯偏低，如果台達輪晚兩天進來就很危險。

十年前大旱，曾打算限電

二〇〇二年五月八日，當時台灣發生嚴重旱災，水力發電停擺，中油天然氣供應不足，恐無法讓天然氣機組正常運轉，台電只好對工業用戶發出限電公告。

後來雖未造成實質損失，當時台電董事長林文淵、中油董事長陳朝威皆遞出辭呈，最後林文淵下台負責。這風波背後，負責緊急熱線調度的陳玉山形容：「燒掉我三支手機。」

從此之後，中油和台電建立液化天然氣（ＬＮＧ）聯繫管道，中油每天回報ＬＮＧ儲量，每月船期，以便台電管控ＬＮＧ用量。但實際上，台電有大大小小機組，並不知道那些機組什麼時候會傷風感冒流鼻水，因此在用量上很難控管。

天然氣儲槽，只能供十四天

即便中油盡全力進行國內外調度，ＬＮＧ這條能源線仍顯得很脆弱。台灣愈來愈仰賴天然氣發電，目前只有永安和台中兩個接收站，共有九個儲槽，只能供市場十四天用。

經濟部次長杜紫軍。

「我們都把ＬＮＧ船當海上移動式儲槽使用，就像計程車一樣，今天看到儲量偏低，就叫他開快一點，早一點到。」為穩定天然氣這條能源線，調度天然氣的煩複，陳玉山感受最深，「有時候儲量過低，又沒排到船期，就得去跟日本、韓國電力公司拜託、調頭寸：『台灣緊急，這條船先給我。』」

核四不商轉，調度更吃緊

一旦核四不商轉，天然氣調度壓力將更為吃緊。他表示，台灣要有長期能源政策，不論是油、氣或礦源，一定要能自己掌握能源，強權國家都如此，缺乏能源國家更要如此。

經濟部次長杜紫軍表示，台灣是能源孤島，無法跟別國聯電網，無法向外調度，必須內部自己平衡，所以備用容量率要訂得高一點；此外，台灣所有能源都靠進口，對能源價格毫無掌控能力，必須分散風險，追求適當能源配比，在現階段維持核能一定占比，有其必要。

當年搞核電，維持生命線

經濟部長張家祝直言，民眾不要核電，卻又不願面對高電價，也不願意蓋新電廠；全球暖化下，碳足跡新的貿易模式又會影響企業競爭力，在此情況下，「台灣能有什麼選擇？台灣目前沒有廢核條件。」

能源安全指標

年度	能源進口值占總進口值比例(%)	平均每人負擔能源進口值(台幣元)
2003	11.68	22,794
2004	13.03	32,546
2005	16.02	41,161
2006	17.75	51,538
2007	19.82	62,508
2008	25.69	85,326
2009	21.76	54,644
2010	19.97	69,004
2011	22.59	80,870
2012	25.41	88,247

資料來源2012年能源統計年報

台灣能源安全度 單位:%

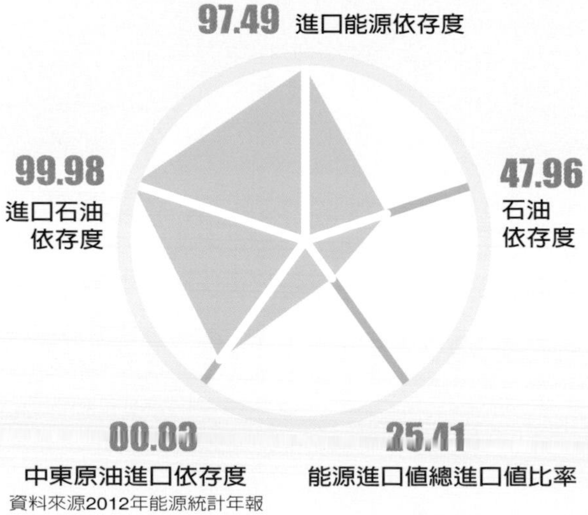

資料來源2012年能源統計年報

我旅美核能專家、現為美國國際能源科技公司總經理郝思雄表示，資源的控制與科技的掌握，是影響一個國家或民族的發展的兩大關鍵因素，對台灣來說，資源的控制更為複雜及困難。台灣缺乏天然資源，又因地緣政治易遭封鎖，當年台灣搞核電，核一是十大建設，核二核三是十二大建設，正是要維持台灣生命線。

從事核電工程三十多年的郝思雄表示，再生能源有其先天限制，只能做為輔助能源，台灣如果要求生存、求發展，「不可能放棄核電這個選項」。「不管是喜歡核電，或痛恨核電的人，都無法迴避這個現實。」郝思雄說，「現階段台灣沒有選擇，除非你要斷自己的後路。」

能源專家陳立誠。

基載過低……瘋狂的能源結構

近十年來，台灣能源結構在不知不覺中，逐漸走向瘋狂而危險的境地：過低的基載、有風險的備用容量率，以及相互矛盾的能源政策方向。

台灣基載電力（指低成本、可二十四小時穩定供電的電源，通常指燃煤及核能，通常以燃煤和核能為基載）已逐年降低，去年裝置容量占比降到低於四成，而基載發電量占比不到五成五，雙雙創下歷史新低。

能源專家、吉興工程顧問公司董事長陳立誠指出，各國理想、合理的基載占比，在裝置容量應是六十五%，發電量則是八十%；台灣遠低於合理的配比，必須動用到中載或尖載的天然氣當作基載電力，結果就是電價明顯上漲，並且過於依賴天然氣這條能源線；如果能多用核能、燃煤，近年來不會有漲電價的問題。

他進一步分析，過去以來，政府及民間對於氣候暖化及減碳存有錯誤認知，因而大量以天然氣替代燃煤電廠，這項政策像是「溫水煮青蛙」，對台灣電力結構造成嚴重影響而不自覺；一旦廢核，老電廠又逐漸除役，能源結構愈來愈惡劣。

錯置能源結構，肇因於台灣各團體、包括政府在內，對能源政策看法，亦充滿矛盾。

一方面很多民眾不要核電，要再生能源，卻又不肯面對電價上漲的現實；一方面要節能減碳，卻又不要核電廠；一方面追求經濟成長，一方面又要用電不成長；一方面抗爭蓋電廠，一方面卻又不肯節能；一方面基載不夠，但花大把銀子蓋好的核四廠卻不用；政府一方面要核四商轉，一方面又要廢核。

「全世界沒有像台灣如此瘋狂！」陳立誠說。

他表示，蓋電廠遠比蓋捷運複雜，攸關國家未來的能源政策、電源規畫；如果現任領導人不解決，當二〇一六年新任領導人接手時，馬上將面對更棘手的處境：大量依賴天然氣，電價高到不得了，而想要恢復核能，卻一切已來不及。

新｜聞｜辭｜典

基載：24 小時穩定的電源

所謂基載，最重要考量是穩定性與經濟性，在實務上是指可以二十四小時穩定供電的電源，只要有燃料，就可以全運轉，效率高，價格低。目前核能及燃煤機組可利用率都達到九成以上，被國際電業視為主要基載電源。

中載電源則是指，兼具可穩定供電及起停快速特性，通常是當基載供應不足時，啟動中載電源，惟成本較高，如在台灣則是大量以天燃氣作為中載電源。

尖載電源則是指，當用電尖峰時，基載和中載都不夠使用，可快速啟動補足尖峰用電，通常成本昂貴者、量少，皆列為尖載。通常，國際電業尖載能源以燃氣為主，在台灣則是以燃氣、燃油、水力發電為尖載電源。

若沒核四……北部用電拉警報

一旦台灣啟動廢核，北部缺電風險最大。經濟部能源局指出，台灣整體電力系統劃分為北、中、南三個區域，北部用電需求量占全國四十%以上，若核四廠無法順利商轉，加上二〇一四年起，位在北部林口電廠、協和電廠，核一、二廠陸續除役下，北部用電拉緊報。

核四供電，重點在北部

北部將有多缺電？即便台電規畫在大潭電廠增建機組，及深澳更新擴建計畫如順期利進行，台電預估，北部電源自二〇一五年不足一一七萬瓩，到二〇二六年年擴大到三百萬瓩，約略是核一、核二廠四部機組總容量。事實上，深澳電廠更新進度幾近停擺。

未來即使可透過輸電線將中南部電力北送支援，依然無法補足北部電力缺口，使得北部地區停限電機率大增。能源專家陳立誠指出，核四機組有二百七十萬瓩，從南部輸上來的電僅二百萬瓩，還不夠補核四；他直言，「核四供電就是要給台北市。」

一旦核四不商轉，因短中期無可以替代核四方案，面對可能缺電風險，經濟部計畫建立電力供需預警機制，依照地區別、產業特性與民眾生活影響等因素，制定停電順序規則；並對產業下達執行緊急負載限制（即緊急停電）與計畫性負載限制（亦即計畫性停電），規畫停電順序。此外，學習日韓節電經驗，調整企業上下班作息時間、管控空調溫度等。

在供給面，一旦啟動廢核，到二〇二五年前所有核能就要停用，用電量馬上就有十八%缺口要補足，據了解，經濟部已委外規畫蓋新電廠計畫接棒。但一位知情人士直言，燃煤電廠遭遇嚴重抗爭，目前僅能在既有電廠更新或擴建設備。

新建天然氣電廠，需時十年

因此，新規畫的將是燃氣電廠。據了解，中油已在評估在北部興建第三座天然接收站，地點初步選定在大潭。中油天然氣事業部購運室主任劉玉山說，第三接收站興建時程長達十至十二年，包括用地取得、環評期程、地方抗爭，以及天候因素等，都是還有待克服的難題。

再生能源救台灣？還要三十五年！

國人對再生能源寄予厚望，並批評政府為何不大力發展再生能源，然而根據評估，台灣風力及太陽能發展至極致，占發電量最多為九％，且無法成為基載；而有機會成為基載的深層地熱，開發技術要成熟，更要等到二〇五〇年。

儲電技術不成熟，風力、太陽能難穩定

經濟部次長杜紫軍指出，台灣需要的是非常穩定的供電系統；目前再生能源太多也沒有用，例如就算高速公路都蓋滿太陽光電，也只是增加白天供電，晚上依然無法供電；再生能源量過多，亦會造成區域供電不穩定的問題。

以德國為例，二〇一二年德國發生三分鐘以上停電次數高達二十萬次，在發展再生能源同時，台灣民眾也要接受區域供電不穩的缺點。

杜紫軍也指出，台灣有發展再生能源部分條件，也會納入能源組合，但都不足以替代核能，除非要等到儲電技術成熟。他強調，台灣並非能源技術大國，要投入新能源技術研發，必須承認台灣沒此實力，必須要等到美國、德國、日本技術發展成熟，願意將技術外移，台灣才有機會使用。

地熱發電，台灣有潛力

在眾多再生能源中，經濟部似乎較看中深層地熱發電；杜紫軍說，因為台灣有蘊藏量，且有機會二十四小時發電，亦即有機會成為基載；但是根據美國能源部評估，深層地熱發電技術，估計要到二〇三〇年才會成熟，再引進到台灣，可能要十到二十年時間，換言之，要等到二〇五〇年再生能源才有機會替代核能。

然而，即便如此，杜紫軍指出，台灣深層地熱蘊藏量集中在大屯山和宜蘭，大屯山位在國家公園裡，是否能開採？以及地熱這項資源是否要用做發電或者觀光用途（洗溫泉）？到時國人恐怕要爭論一番，這也證明，不論使用哪一種能源，都有相對代價與成本要負擔。

工研院綠能與環境研究所副所長胡耀祖表示，再生能源發展則要循序漸進，現在一次裝滿，要付的代價很大，晚二十年，花的代價只要現在的三分之一或一半，不是不做，而是考量成本後的選擇問題。

Chapter 3

廢核，德國憑什麼？

德國

江睿智

廢核，德國憑什麼？

廢核，從來不是一場政治嘉年華會，絕對不是趕流行，更不是把核電拉下馬後，就拍拍屁股沒事了。理性、重思辯的德國人十分清楚，能源轉向是要付代價的，德國人民選擇忍受高電價，並願意花費一兆歐元、約占德國三分之一的GDP，以長達四十年時間來完成，並得力行節能。

反核不是口號，而是生活方式

台灣人對德國推動能源轉向的印象是：再生能源蓬勃發展，到處見得到風車和太陽能發電，可以自己選擇電力公司及發電能源，甚至在家裡發電、賣電……這些美麗又進步的思維，一直為台灣人所欽羨。

在長達二十多天採訪旅程中，記者拜訪反核家庭密特勒和霍爾徹家，在他們家，反核不是口號，而是生活方式，身體力行節能，寧願享受少一點。

飄著雪的冬天，我們拜訪馬塞海姆小鎮，聆聽布朗鎮長細數小鎮如何一點一滴力行節能。儘管只有五千居民，布朗鎮長一點也不小看自己，他說：「廢核，小鎮和老百姓也要自發性參與。」

即便抱怨高電價，德國民眾沒有激情謾罵，更沒有因此而拒絕負擔廢核代價之意。我們來到富裕繁榮的巴登符騰堡邦，讓人意外的是 這裡是「務實的綠黨」在執政，他們沒有關閉火力電廠，甚至還興建火力電廠、天

南巴登符騰堡邦馬塞海姆鎮，曾獲得2012歐洲能源獎，從山坡往下望去，許多人家屋頂上裝有太陽能發電。

2012年德國發電種類比率

單位:%

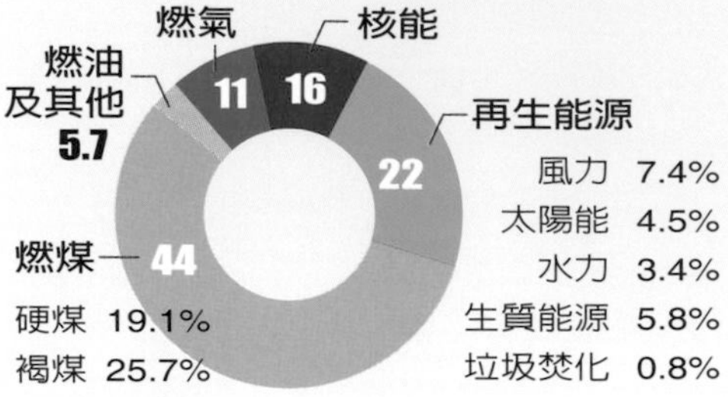

資料來源／德國經濟部　製表／江睿智　■聯合報

一分鐘看懂 德國能源現況

自有能源比重 38.9%

中長期發電比重規畫	再生能源
已中止運轉核電機組數量	8部
運作中的核電機組數量	9部
家庭用電每度價格	11.49台幣
工業用電每度價格	5.34台幣

製表江睿智　■聯合報

在日本福島核災後，德國毅然宣布將在二〇二二年全面廢核。德國能源轉向至今，即便將付出昂貴電價，仍獲得高達八成民意的支持，德國人廢核的決心與意志，受到世人矚目。

然氣電廠，從法國買電，只為確保該邦的經濟發展及穩定供電。

能源轉向，官民有高度共識

德國人一向務實。廢核不是一時興起、不是莽撞，不是流行的口號，而是有計畫、按階段的落實，早在二〇〇〇年之前，就開始推行再生能源，為廢核鋪路，並擅於利用位在歐洲中心的優勢，盡所有努力在經濟發展、電價上漲及穩定供電之間，保持動態平衡，德國人廢核，但是並不盲目。

即便能源轉向在執行上出現落差，包括電網建設不足、再生能源收補貼過高、民生電價高漲等問題，但從官方到民間，執政黨到在野黨，從不迴避艱難問題，更不會刻意遮掩某些事實；因官民有高度共識，能源轉向遭逢的各種艱難，必定會找到解決的方法，最終達到廢核目標。

我們看到德國人廢核的決心，從政府、家庭、企業，鄉鎮都全力以赴，全民都參與其中，共同承擔一分責任。

在結束採訪任務，搭上回台的飛機時，問號突然浮現眼前：台灣人是否具備了如德國人民堅強意志與決心？是否準備好要承擔代價？你、我是否願意奉獻一己之力於其中？廢核之後的「真實的台灣」，我們是否願意、並學習如何去承擔？

若對環境好，這電價不算高

寒冷又灰暗的空氣籠罩大地；二〇一三年大選期間各政黨政治人物熱烈談論著要抑制民生電價上漲，口沫橫飛的景象早已煙消雲散；就在冬天飄下第一場雪前，眾所周知，今年德國電價將繼續上漲。

電價年年上漲，是台灣三・七倍

德國民生電價是歐洲第二高，僅次丹麥，二〇一三年每度電達新台幣十一・五元，是台灣的三・七倍，高電價在德國已成政治議題。因為政黨間無法達成共識，德國四大輸電網營運公司已宣布，今年電價帳單上再生能源附加費，每度將調升〇・九六歐分，對於一年使用三千五百度的三口之家來說，將增加三十四歐元，約新台幣一千三百九十三元的電費。

冬天的柏林威丁區、老舊公寓的霍爾徹家，客廳昏暗，只在角落工作桌開一盞小燈，透露出主人的節電習慣。霍爾徹家一家三口，住在八十六平方米的公寓裡，全部採用綠電，一個月電費七十六歐元（約台幣三千一百三十六元）。

在公家機構上班的男主人提爾曼說：「我們用電非常少，都是買節能效率最高的家電，不用洗碗機、烘衣機，因為太耗電。」

這家人也不買車，而是採用 car-sharing（類似 Youbike 概念，租車並可

弗萊堡有德國「永續之都」美名，不排碳的單車和古老建築，搭配成美景地標。

偏遠的菲爾德海姆村只有130位居民，卻是百分之百再生能源自主村。村民家背後就是巨大風車。

弗萊堡近郊的弗班，是永續社區典範，禁止車子在社區穿梭，住宅棟距之間、門前後院亦不作停車場，而是留給小孩遊玩的空間。

弗萊堡可容納24000人的足球場，屋頂上2200平方公尺面積，裝滿太陽能板，一年可發電30萬度，但仍不夠打一場足球賽所需的照明。

密特勒家堅定反核，夫妻倆都有節能意識

在定點取車）。太太多琳娜在NGO上班，她教導三歲的艾利亞反核與節能的觀念，也鼓吹親友改選用綠電。

為省電費，民眾生活節能省電

來到柏林的市區，密特勒家住公寓頂樓，凱瑟琳和先生丹尼爾擁有一對可愛兒女。他們對目前民生電價高漲有很多批評，認為是電力公司未將利潤回饋給消費者。然而密特勒家仍然堅定反核，夫妻倆都有節能意識：採節能家電；頂樓閣樓開天窗，減少用燈；客廳玻璃換厚硬的隔熱玻璃，以防熱能外洩。

凱瑟琳說，暖氣只有早上起床到八點才啟用，溫度設在十九度C；直到小孩下午三、四點放學後才再開暖氣，「晚上睡覺不需要暖氣，因為都在溫暖被窩裡」，她說。

綠電保證收購，全民承擔

即使生活中落實省電，電價仍是全民面對的事，德國聯邦經濟部一位不願具名的官員表示，不用核電，以再生能源替代，電價一定會上漲，「未來德國電價不會便宜，只能穩定，少漲一點」。

「電價每年漲，每次漲完，很快宣告另一波漲價，」三十一歲的瓦勒莉不禁抱怨，「電價漲，瓦斯、暖氣也跟著漲，接著又是火車，漲得比電價還多。」瓦勒莉在大學擔任助理工作，高漲電價對她已形成負擔，「我改用節能燈泡，白天也經常不在家，但每年還要補繳五百多歐元電費。」

德國經濟研究所（DIW）能源專家肯佛（Claudia Kemfert）分析，德國電價高漲，主因是發展再生能源，對綠電生產者提供二十年固定價格的保證收購，這就像揹了一個包袱，在德國家庭電價帳單上，每度二十八．七三歐分電價中，再生能源附加費為接近五分之一的五．二八歐分。

德國再生能源多在北部，有競爭力的產業多在南部，必須興建超高壓電網將北電南送，要廣建中高壓電網聯結，在北海發展離岸風力發展，也須興建海底電纜，將海上電力送往陸地上。

根據德國經濟部估計，德國需要興建兩千八百公里長的全新電網，升級現有兩千九百公里電網，估計未來十年須投資一千億歐元。負責興建電網並確保能源供應的德國聯邦網路局長荷曼不諱言指出，這些費用將轉嫁到電價帳單上。

能源轉向不是免費午餐

德國已宣示二〇二二年將全面廢核，德國聯邦經濟部在其新能源政策白皮書中明白表示：「能源轉向不是免費午餐。」除了部分反映在電價帳單上外，德國政府亦編列其他預算投入能源效率提升、家庭設備節能與更新、以及新能源開發等等。

德國最大風場哈維爾蘭，在這片原野有壯觀的86支風車，年發電量可供約6萬戶家庭全年用電

儘管德國人民負擔高電價，依然堅持如期廢核。「二〇二二年一定要廢核。」五十六歲裁縫師傅領班洛夫堅決地說，「為了廢核而導致電價高漲，是可以接受的，就像吃東西一樣，吃什麼選什麼，選擇品質較好的，就比較貴。」他認為，「若是對環境好，以德國目前電價不算高。」

三十一歲的物理學博士馬漢寧是個堅定反核者，他的收入稱得上不錯，他和妻子及剛出生女兒，一家三口住在五十六平方米閣樓，省吃儉用平均一個月電費是四十歐元（約台幣一千六百五十五元）。「電費占生活費用比重很小，」馬漢寧說，「目前電價可以接受，其他項目漲得更厲害。」

二〇二二廢核，政治民氣合一

德國社會反核意識其來有自，一九八六年車諾比核災事件幾乎是德國人心中共同的陰影。當時小學四年級的彼得印象很深刻，「不能出門，很怕淋到雨，不能喝牛奶，必須要拿去檢驗，十年內香菇都不能採……」

聯邦網路局長荷曼表示，德國長期以來都有反核情結及運動，車諾比事件讓民眾感受到不安全，二〇一一年三一一福島事件，讓德國人民馬上意識到：「不要核能！」反核情緒馬上被挑起，政治只是反映了老百姓的要求。

二〇一一年日本福島事件發生後，原本要將核電廠延役的梅克爾政府，一夕轉向，宣布在二〇二二年全面廢核。「這目標在政治上已然確定，老百姓也全然了解，一定會達成，」荷曼說。

二〇一三年八月大選前德國聯邦消費者保護協會發布一項民調顯示，仍有高達八成二德國民眾認同能源轉向。德國廢核，已沒有回頭路。荷曼說：「對德國來說，艱難的是，廢核已花掉大把銀子，如何有經濟、有效率方式達成，讓大家少付一點錢。」

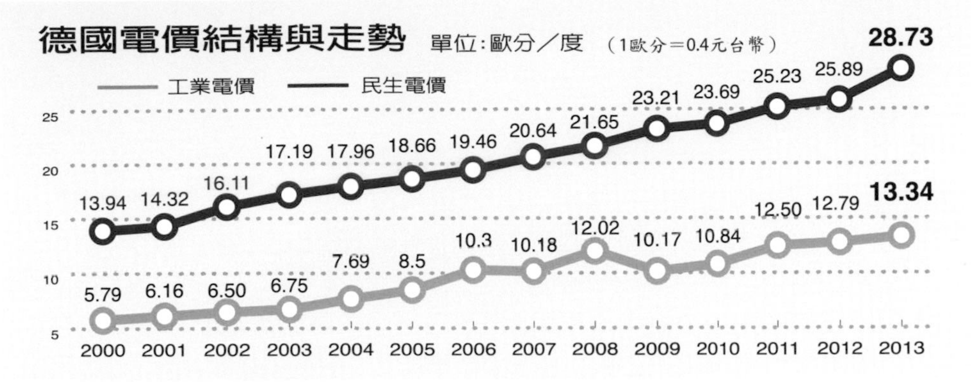

註／1.以住宅用電每戶平均消費3500度估算　2.以工業用電平均消費16萬~200萬度估算
資料來源／德國聯邦能源與水利協會BDEW
■聯合報

德國能源轉向成本

德國前環保部長奧特麥爾（Peter Altmaier）預估總計要1兆歐元；約占德國GDP的三分之一，時間長達40年完成

主要項目：

1. 再生能源收購金額
   - 至2013年累計1229億歐元
   - 已簽約未來要負擔約2500億歐元
   - 尚有新簽約
2. 電網建設費：1000億歐元
3. 2011年立即關閉8座核電廠營業損失，未有正式資料
4. 投入新能源研發2011~2014年有35億歐元
5. 提升家庭住宅節能效率，預估至2050年須投資3000億歐元

資料來源／德國聯邦經濟部”Germany’s new energy policy”、德國聯邦環境／自然保育與核能安全部、DIHK

製表／江睿智　■聯合報

德國扛三包袱，再痛也要廢核

寒冷又灰暗的空氣籠罩大地；二〇一三年大選間各政黨熱烈談論著要抑制民生電價上漲，口沫橫飛景象已煙消雲散；就在飄下第一場雪前，眾所周知，今年德國電價將繼續上漲。

德國民生電價是歐洲第二高，僅次丹麥，去年每度電達二十八．七三歐分（約台幣十一．五元），是台灣三．七倍，高電價在德國已成政治議題。德國四大輸電網營運公司宣布，今年電價帳單上再生能源附加費，每度將調升〇．九六歐分，對於一年使用三千五百度三口家之家來說，將增加三十四歐元電費；另外，今年電網附加費也將持續調漲。

忍受高電價，日子加減過

「電價每年漲，每次漲完，很快宣告另一波漲價，」三十一歲瓦勒莉不禁抱怨，「核電廠是一定要廢，但廢核對人民生活會有影響，問題在於廢核的速度與步調，要能與人民生活配合，不要影響民生太劇烈才行。」

攤開德國家庭電費帳單，電力成本及管銷費用占五成，另五成是各項稅捐，包括再生能源附加費、電網附加費、汽電共生附加費、電力稅、地方權利金，最後再一次徵收增值稅。

德國能源轉向，綠建築風行，柏林中央車站整棟都是以透明玻璃的設計，良好採光大大減低了能源消耗。

德國國會大廈透明拱頂，人們可遠眺柏林市景色。

璀璨夜景，一年一度的耶誕市集。

背著附加費，預算百百種

德國經濟研究所（DIW）能源專家肯佛分析，德國電價高漲，主因是發展再生能源，對綠電生產者提供二十年固定價格的保證收購；這就像背了一個包袱，但再生能源生產愈來愈多，在電市的價格非常低，之間差額愈來愈大，全部轉嫁給消費者，因此一般家庭負擔愈來愈高。在德國家庭電價帳單上，每度二十八・七三歐分電價中，再生能源附加費五・二八歐分。

不僅如此，再生能源多在德北，而產業多在德南，必須興建超高壓電網將北電南送，還要廣建電網聯結，而在北海發展離岸風力，也須興建海底電纜，將海上電力送往陸地，估計未來十年須投資千億歐元。負責興建電網的德國聯邦網路局長荷曼不諱言：「這些費用將轉嫁到電價帳單上。」

猛撒獎勵金，六成人喊砍

二〇一一年日本福島事件發生後，原本要將核電廠延役的政府，一夕轉向，宣布在二〇二二年全面廢核。「這目標在政治上已然確定，老百姓也全然了解，一定會達成。」荷曼說。

德國民調顯示，有高達八成二德國民眾認同能源轉向，但認為能源價格上漲是最大缺點，有五成德國人認為應限縮每年可興建或補助再生能源，並有六成二受訪者認為應刪除企業享有的優惠。

德國廢核，已然沒有回頭路。

上圖：丹尼爾・密特勒家客廳就是大面的落地窗，採光良好白天都不用開電燈。

右圖：頂樓閣樓開了一小天窗，可減少使用電燈。

下圖：家裡的電器，都儘量採用節能家電。

這家人反核
閣樓開扇窗，天光當電光

「我出生在七〇年代，我還是小孩的時候，經歷過車諾比核災的影響，核能不是安全的能源，我不希望留給子孫。」有兩個孩子的媽媽凱瑟琳堅定地說。

凱瑟琳和先生丹尼爾，住在柏林市區公寓頂樓，有一對可愛的女兒；德國宣布二〇二二年全面廢核之後，丹尼爾說，「這目標還可以更快實現，更早一點達到百分百綠能時代。」

廢核生活，從自家開始

為能早日廢核，他們一家選擇了較貴的綠電。凱瑟琳說，他們選電力供應商有兩個標準，一是全部使用再生能源，二是供應商利潤全部投入到再生能源，「價格不是最重要的考量」。

丹尼爾邊說邊在電腦點出「廢核自己做」網站，他說，每家供應商有不同能源配比，消費者可選擇供應商；凱瑟琳家選用的是Greenpeace能源公司，她預付一二〇四歐元，結算實際上只要一一三九歐元，拿回約六十五歐元，換算下來，他們一個月電費九十五歐元。

夫妻不僅採用節能家電，頂樓閣樓開了一小天窗，可減少使用電燈；

客廳玻璃換上又厚又硬的隔熱玻璃，以防熱能外洩。此外，家裡的電器，全部儘量採用節能家電。

省電節能，從生活中落實

冬天的柏林，下午三點鐘天色昏暗，走進位在威丁區、老舊公寓的霍爾徹家，客廳只在角落開了盞小燈。霍爾徹家一家三口，全部採用綠電，一個月電費七十六歐元。

任公職的男主人提爾曼說，「我們用電很少，都是買A＋（節能效率最高）節能家電，我們不用洗碗機、烘衣機，因為太耗電。」這家人也不買車，而是採用 car-sharing（類似 YouBike 概念，租車並可在定點取車）。

太太多琳娜自小就是反核運動者，她教導三歲的艾利亞反核與節能的觀念，也鼓吹親友改選用綠電，「現在使用綠電是趨勢」。

上圖：住在柏林威丁區的堤爾曼、多琳娜和兒子艾利亞，一家三口，一個月電費76歐元。

左圖：這家人不用烘碗機、烘衣機，也不開車，並且採用綠電。

下圖：3歲的艾利亞從小就有節能的觀念。

馬塞海姆鎮鎮長布朗：能源轉向是大挑戰，拚節能不能挨凍，要找到平衡點。

這小鎮節能滿城綠建築，負債變富士

巴登符騰堡邦烏爾姆附近的馬塞海姆鎮，有四十七平方公里，居民不到五千人，少有旅人會來到此地；然而這個寧靜又美麗小鎮在二〇一二年獲頒「歐洲能源獎」，她以行動向世人訴說：能源轉向不是政府從上而下，而是老百姓也要參與。

鎮長布朗是帶領馬塞海姆鎮節能的靈魂人物。五十七歲的布朗，是第一位綠黨民選鎮長，且執政就是二十二年，政績深獲肯定。

布朗接任後，能源是主要議題。他說，「能源再生，不只是省電，重要是再生，第一步阻斷浪費，第二步是發展自己的能源。」

省電節能，全鎮居民一起來

自一九九二年開始，布朗整建幼兒園、車站、小學，將牆面加上隔熱建材、加厚隔熱玻璃，使熱能不外耗；鎮公所設計都以節能為最大考量，例如蓋在斜坡，自然通風，窗戶大又亮，減少平時用燈；冬天到傍晚時分，窗帘會自動放下，以減少屋內熱能外洩。

布朗全面改善公共建築，減少能耗，並已有三分之一路燈更換節能燈泡，用電更省，布朗更打算關掉路燈。

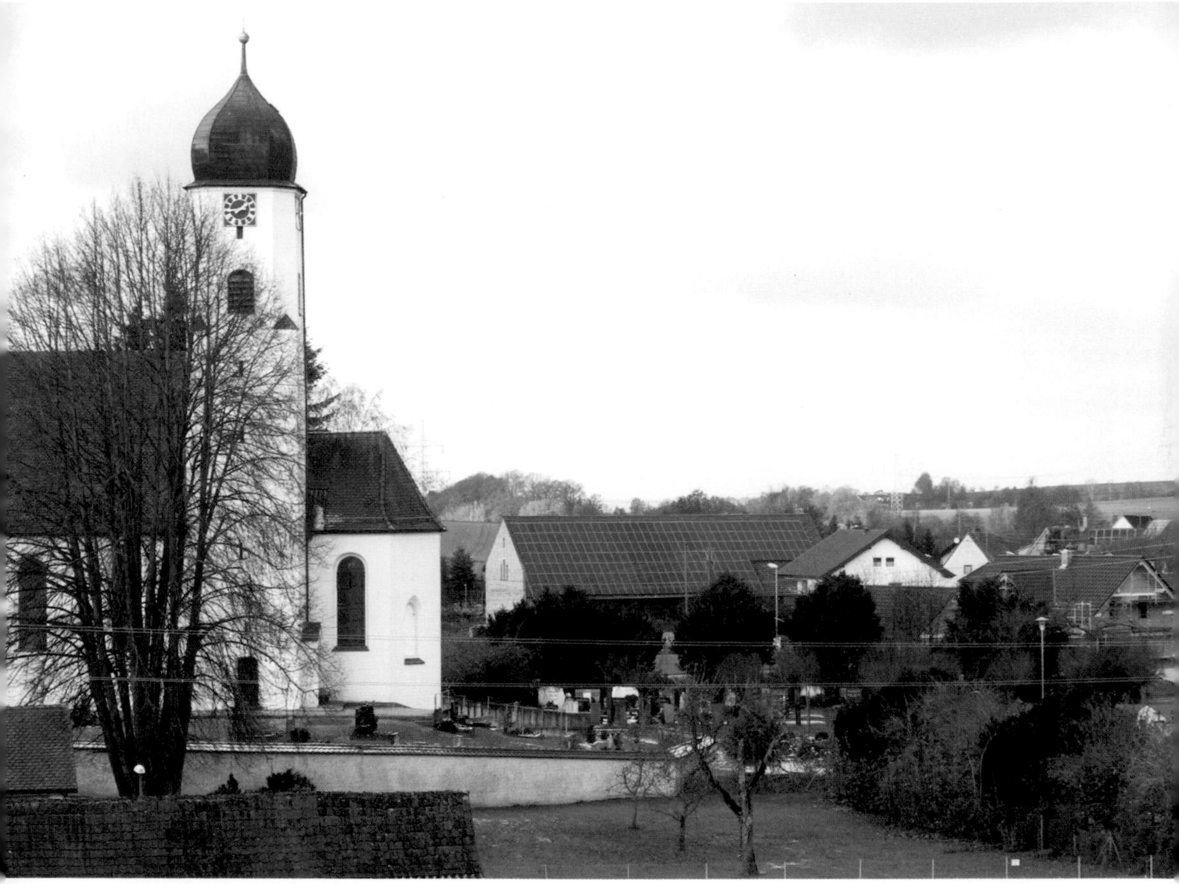

德國節能小鎮馬塞海姆隨處可見太陽能發電板。

節能小鎮馬塞海姆鎮，再生能源占比達42%，擁有一座太陽能發電廠，在夕陽照射下，與鋪蓋在草地上薄霜，相互輝映。

德國節能小鎮馬塞海姆可調式地面太陽能板，可隨著太陽光調整。

小鎮不使用塑膠袋，不用保特瓶，不用油性彩色筆，而全面改用玻璃瓶，用回收紙、用彩色鉛筆，用有開關的延長線，並做垃圾分類；「都是一些小措施，但兜在一起，效果就很大。」布朗說。

投資再生能源，獲利比銀行利息高

小鎮學校、體育館、服務中心都加裝太陽能板，愈來愈多住宅、超市屋頂也陸續加裝；目前再生能源占比四十二%，布朗自豪地說，「比歐盟二〇二〇年三十五%的目標還要高。」他說，能源轉向是大挑戰，就像馬塞海姆鎮，「我們要節能省電，但也不能在黑暗中挨餓受困，要找尋平衡點」。

投資能源也帶來財富，居民組成合作社，一股一百歐元投資太陽能發電，賣電賺分紅；社區顧問米勒說，獲利比銀行利息還高。

鎮長布朗將路燈全面更換為LED燈，並且計畫在凌晨後，關掉小鎮路燈。

富人賣電、窮人摸黑用電貧窮兩世界

德國南部以溫暖陽光著稱的弗萊堡郊區，一棟棟新穎住宅、商辦牆壁粉刷得五彩繽紛，陽光照耀下，屋頂上太陽能板閃閃發亮，這些建築有個新穎名詞：「正能源屋」（亦即建築產生能源已超過其所使用），整個社區強調能源、環保兼顧美學。

再生能源，富人投資賺錢

弗萊堡創新協會CEO斯旺德說，屋主只要一次性投資，一棟住宅裝一KW太陽能板僅二千歐元，整間裝上四～六KW，發電除了自己用，還免繳再生能源附加費，每月賣電還有三百歐元收入。

有人賣電賺錢，就得有人埋單。走進街道狹小凌亂的柏林諾易肯區，社福團體「消費者及社服諮詢協會」在此區設立據點，電費諮詢員嬋克說，她的辦公室每月接受約三百件諮詢案件，其中七成都是領救濟金的民眾。

該協會二〇〇九年設立，針對被斷電的家戶提供電費諮詢，嬋克說，自那一年起，德國繳不起電費的人突然大增，全德每年有三十萬戶面臨斷電，柏林就有兩萬戶。

德國推動能源轉向，民生電價高漲，對中低收入戶影響最大，近年德

五彩繽紛的「正能源屋」，強調能源、環保兼顧美學。

上圖：弗班社區公共建築上裝設了太陽能板。

右圖：德國南部弗萊堡，陽光宜人，成為太陽能重鎮。

下圖：弗萊堡著名觀光景點市鎮廳，其屋頂上亦裝設太陽能板，路邊的告示牌可即時顯現發電效能。

國媒體更出現「用電貧窮」（electricity poverty）字眼。電費諮詢員吉耶納說，窮人用電量遠大於一般家庭，窮人多住在地下室，需要照明；也沒餘錢購買節能設備，如省電冰箱和電視；窮人被迫在買節能燈泡和麵包間做選擇，「節約能源立意甚佳，但要負擔得起才行。」

高電價，中低收入戶最受打擊

他說，窮人住的都是老房子，新房子是中央系統，老房子則各自設熱水器，用電量很大；德國救濟金是按人頭算，針對熱水，大人每月僅八歐元，算下來，每天只能用三分鐘，包括洗澡和洗碗；嬰兒更可憐，只能洗澡三十九秒，「這怎麼夠用？」

「發展再生能源已導致社會問題，能源轉向所造成財產重分配，是將下層搬到上層。」國會議員菲舒直言，「下層人民生活負擔加重，付更多電費；上層有錢人則大量投資再生能源，去賺保證收購，賺更多的錢。」

「德國義無反顧擴張風力及太陽能發電已為人民帶來沉重負擔，其負擔往往落在窮人身上。」德國《經濟周刊》副總編輯克魯瑞評論，能源轉向讓窮人更處在劣勢。「德國能源轉向充滿著理想性，」菲舒表示，「但要人民負擔得起，這是永遠不能遺忘的。」

德國民生電價歐洲第二高

國家	歐元	國家	歐元
丹麥	0.30	瑞典	0.21
德國	0.29	歐盟27國	0.20
義大利	0.23	荷蘭	0.19
比利時	0.22	挪威	0.19
西班牙	0.22	英國	0.17
奧地利	0.21	法國	0.15

註：以上為各國2013年上半年民生電價

資料來源：Eurostat　製表／江睿智　聯合報

油電雙漲，德國小店喊倒

法蘭克福火車站前車水馬龍，人來人往，街邊上瞥見「台灣大飯店」招牌，來自台灣李老闆在德國開餐館三十年，賣的是日本壽司。「因電價上漲，利潤少掉四成以上。」李老闆大歎生意難做。

油電雙漲，中小企業苦撐

李老闆以他的小店為例，本來每月電費加瓦斯在一千五百歐元左右，去年底結算時，被電力公司追加了七千八百歐元，換算下來每月電費和瓦斯費暴升至二千五百歐元左右，讓他嚇了一跳，「這裡也是油電雙漲，而且漲得凶」，只好跟電力公司談分期付款。

為省一點電費，林老闆每兩年就會換一家電力供應商，申請及交接手續麻煩，但會有「蜜月期」，可提供優惠電價，一年省一千歐元。他說，「在法蘭克福餐館，十家有三家等著換手，三家沒賺，另外四家則是小賺、強顏歡笑。」

餐館不能適用工業用電。但餐館業面臨高電價處境，是德國廣大中小企業共同處境。德國工商總會（DIHK）能源及氣候政策組長薄萊表示，過去十年來因發展再生能源，企業電費負擔翻一倍，中小企業忍受電價已到達極限了，也為能源轉向負擔代價。

台灣飯店ICHIBAN李老闆。

德國工業電價因享有稅金減免，在歐洲國家屬中段班。二〇一三年工業電價為每度十三．三四歐分（約新台幣五．三四元），是住宅電價的一半；若和二〇〇〇年相較，成長一百三十．四%。

避免產業外移，提供優惠電價

為維持競爭力，德國政府對高用電量製造業提供優惠電價，目前約一千七百家適用。但遭批評優惠給得太浮濫，綠黨能源政策發言人麥可．薛佛指出，不只製造業獲優惠，連高爾夫球場、屠宰場、保險公司都有優惠；德國經濟研究所（DIW）能源專家克勞蒂亞肯佛直指，若能把企業優惠刪減掉，家庭電價就不會漲得這麼快。

DIHK曾對德國企業大規模調查，薄萊指出，對於電價和能源轉向政策，二成五製造業已有備案，將減少在德投資。調查顯示，若企業電費超過營業額十四%，近半企業會外移。他說，電價高漲，德國企業除了節能，再來是自行發電，最後才考慮外移。目前三分之一企業已能自行發電，既可免繳再生能源附加費，也可減少電費支出。

德國發展綠能
三個矛盾，四十兆的豪華餐

車子駛進柏林西北方四十多公里的鄉間，空氣中飄來濃稠牛糞味道，柏油路旁兩側小麥田已經播種，在冬天的冷風吹拂下依然青翠；田野間矗立著一支又一支風車，直到盡頭，轉呀轉，天冷風大、灰暗天際籠罩著大地，令人直打哆嗦。

哈維爾蘭（Havelland）是德國最大風場，Windmanager 公司在這片原野管理八十六支連續風車，一年發電量可提供約六萬戶家庭全年用電。

矛盾一：外賣廉價電，自用卻破表

大量發展並採用再生能源，在德國並非夢幻，而是真實。在某些風大陽光大，消費者又節約用電的日子，德國綠電產量已可供應全德國用電六成。二〇一一年福島事件後德國一口氣關掉八座核電廠，卻沒有出現缺電，全因蓬勃的再生能源補足缺口。二〇一二年德國再生能源發電占比已達二十二%，德國更立下要在二〇五〇年達到八十%以上的雄心壯志。

天下沒有白吃的午餐，德國滿山遍野，風車轉呀轉的美麗景象，背後是用很多銀子堆積起來。德國自二〇〇〇年推行「再生能源法」，對綠電生產者提供二十年保證收購，及優先進入電網優惠（即先用再生能源，不夠才

田野間矗立著一支又一支風車，轉呀轉，景觀壯麗。

用傳統發電），發展至今在德國社會衍生出不少待解決的矛盾現象。

首先，電市交易價格非常低，民間電價非常高。綠電不論有無需求都大量湧進電力交易所，電力過剩結果，就是價格走低；但是，綠電生產者及收購的電力公司，並不在乎市價，因為在二十年保證收購機制下，市價和保證收購之間的價差，就以「再生能源附加費」名目全數轉嫁給消費者。

萊比錫的歐洲能源交易所（EEX），其電價交易跨歐洲；EEX專家蓋亞斯多（Robert Gersdorf）表示，德國電價非常地低，通常德國先開出很低價格，晚一點其他國家電價也跟著下跌；再生能源並不穩定，要看氣象，通常都要前一天才知道有多少量，有時因供應太多，為維持電網平衡，必須要立刻賣掉，「有時候以負電價（倒貼）方式賣給鄰國或是工廠，請工廠多生產、多用電」。

矛盾二：為賺獎勵金，農夫不種田

其次是，沒有足夠電網將再生能源送出去。蓋亞斯多指出，以前是大電廠，高壓電網就足夠，現在再生能源電廠是分散、小電廠，電網必須擴建、廣建；「因為沒有完整電網，電就無法交易，有時會出現電賣掉，卻無法交貨的窘境。」

德國《經濟周刊》副總編輯克魯瑞指出，德國大力發展再生能源，給的獎勵太優惠，無以數計投資者投入再生能源市場，有些農舍、住宅轉而鋪設太陽能板，去賺獎勵；有些農人不種小麥，改種玉米，就為發電賺錢。因此再生能源發展比預期中來得太快、太多，於是補助金額大增，很快就轉嫁到電價。

矛盾三：全民喊廢核，卻換來廢氣？

德國能源轉向亦引發第三個矛盾：再生能源需要燃煤、燃氣電廠備援，但燃煤、燃氣電廠卻因經濟效益低落，面臨關閉邊緣。再生能源量大卻不穩定，儲能技術尚未成熟，一旦風不吹，太陽不露臉，燃煤、燃氣電廠就得啟動供電。其中，德國又以二氧化碳排放量較高褐煤來備機，導致外界質疑，廢核結果卻是二氧化碳排放量增加。

弔詭的是，在能源轉向下，綠電有優先進入電網權利，排擠傳統火力和天然氣電廠。電市價格漸低於發電成本，沒有二十年保證收購的火力和燃氣電廠的經濟效益持續惡化，紛紛打算關廠。聯邦網路局長荷曼表示，在能源轉向下，再生能源、燃煤、燃氣電廠必須達到一個平衡點，要有適度比例分配，並且最後都能公平地在市場上競爭。

德國能源轉向的決心舉世矚目，德國前環保部長特里霆曾說，改用再生能源不會增加民眾吃一勺冰淇淋的費用；但德國環保部長、現轉任總理府部長奧特麥爾估計，德國能源轉向代價約一兆歐元（台幣約四十兆）。全民負擔的費用，已能吞下無數的冰淇淋。

營收10億歐元、全球擁有1800名員工的德國能源公司Juwi，總部設立在萊茵蘭法爾茲邦僻靜的田野，放眼望去，山丘周圍和綿延起伏的山坡，矗立著無數的白色風車，構成一幅美麗的圖畫。

柏林郊外Reuter West燃煤電廠煙囪，不斷冒出黑煙。德國大力發展再生能源同時，也大量使用燃煤發電，作為備援。

北電拚南送
德國電網密密撒

火車在巴伐利亞邦的原野上奔馳，冬陽暖洋洋地照射大地，遠方視線突然跳出兩根巨大水泥柱，水泥柱冒出大量蒸氣直衝雲霄，氣勢凌人，顯露著巨大水泥柱所在基地內，擁有著充沛的能量。

它正是德國發電量最大核電廠——貢德雷明根，供應德南三成用電，博世西門子（BOSCH-Siemens）家電能源資源主管林德曼說。巴伐利亞邦及巴登符騰堡邦是德國經濟表現最好區域，德國著名企業如賓士、ＢＭＷ總部都設在德南，該區現仍以核電、火力等傳統發電為主。

博世西門子家電公司的洗碗機生產線，坐落在距這座核電廠不遠的迪林根。該生產線全面自動化，從洗碗機壓模鑄模、剪裁、焊接到一體成型，都在機器手臂井然有序的動作下，迅速完成；每個動作都要仰賴極為穩定的電力才能達成。

德國政府已宣示在二〇二二年關閉所有核電廠，林德曼對未來供電是否穩定顯露憂心，「如果現在不做些什麼，按照目前情勢，供電一定會有問題，」他說，博世可以投入節能，多投一些資金在節能研發來降低衝擊，但最後的解決，還是必須仰賴政策及政治上有所改變，提出解決方案。

德國工商總會能源及氣候政策組長薄萊指出，目前再生能源、火力電

比布利斯是德國最古老的核電廠，現已停止運轉，孤寂地矗立在冬天原野上。

德國有歐洲鄰國聯網，缺電不是大問題。約6成到8成的電要自己掌握；至於2至4成的電，旁邊就是歐洲市場，自然要「好好利用歐洲」。

廠都是蓋在德北，必須靠電網興建才能送到德南，從現在到二〇二二年南北縱貫電網建設是要加倍。巴登符騰堡邦環保廳廳長麥尼爾是位學工程的綠黨成員，展現務實執政。他說，儲能技術仍要一段時間發展，並考量能源成本，在二〇五〇年之前，他不會關掉火力電廠。此外，為穩定供電，計畫興建二到三個天然氣電廠，做為區域性供電備援。

麥尼爾直言，德國比台灣幸運的是，有歐洲鄰國聯網，缺電不是大問題。約六成到八成的電要自己掌握，儲電技術研發也要自己掌握；至於二至四成的電，旁邊就是歐洲市場，自然要「好好利用歐洲」。

位在德南迪林根BOSCH -Siemens家電公司的洗碗機生產線已全面自動化，洗碗機外殼的壓模鑄模、剪裁、焊接、到一體成型，都在機器手臂的動作下，迅速完成；每個動作都要仰賴穩定的電力。

德國核電廠燈熄，電從鄰國買

在萊比錫火車站下車，再走個十分鐘，來到歐洲能源交易所（EEX）位在二十三樓辦公室。這裡並沒有想像中有人拍賣、喊價的熱絡場面，因為能源商品交易都無聲無息在電腦中進行；德國能源轉向也是悄然地透過EEX，獲得歐洲一臂之力。

「歐盟將在二〇一四至二〇一五年完成歐洲能源共同市場，EEX是個實驗性計畫，推動歐盟國家按照統一標準訂定能源價格，並在相同條件下進行交易，達成彼此電力的輸出與進口。」EEX專家蓋亞斯多如此介紹。

德國能源計畫是以歐洲來規畫

推動歐洲能源共同市場，德國最積極；德國成立EEX已有十三年，並得到政府授權進行能源商品電子交易，包括電、煤、天然氣、二氧化碳排放權等商品，交易對象為大盤商，目前有二百三十個會員，來自二十五個國家，絕大部分為歐洲公司。

針對電市交易，EEX已與法國合作，共同成立歐洲電力交易中心，設在巴黎，一年交易量已達二三〇TWH；電市交易分現貨和期貨兩種。前者是每日中午前拍賣，隔日交貨；後者則是，兩天後到六年的交易。

EEX和歐洲共同能源市場，對於德國能源轉向扮演重要角色，透過單一市場，德國產出綠電得以輸出鄰近國家，用電出現缺口，就趕緊透過EEX向鄰國進口電力；透過推動歐盟單一市場，進而提高德國能源穩定性。

德國一方面追求能源自主，境內有燃煤及燃氣電廠備機；另一方面，位在歐洲中心的德國，也深知自己地理優勢。聯邦網路局長荷曼表示，「德國非常清楚知道，德國不是孤島，而是有鄰國，德國能源計畫是以歐洲來規畫。」

台灣

替代能源哪裡來？

台電說

目前 3 座核電廠每年約發 400 億度電，若由天然氣替代，差價約是每度 3 塊錢， 每年增加 1200 億元發電成本

經濟部說

民眾支持再生能源，但卻不願意接受附加電價，這非常矛盾

風力、太陽能被寄予厚望的能源

走到苗栗海岸，白色高聳的風機迎風轉動，像是純潔無瑕的漂亮寶貝；朝南台灣走，隨處可見陽光當頭的好天氣，讓嘉義以南的太陽能裝置容量在前年達一百三十六．二百萬瓦（ＭＷ），占全國太陽能產量的七成以上。若以一般住戶屋頂十坪面積可裝設三瓩計算，已累計逾四．五萬座屋頂，占全國太陽能產量的七成以上。風力與太陽能所得來的電能，是許多人視為乾淨、綠色的再生能源；也是台灣發展再生能源最被寄予厚望的選項。

再生能源裝置容量幾占一成

二〇〇九年立法院通過再生能源發展條例，其中躉購制度，為民間投資綠色能源奠定基礎，一時間台灣再生能源的容量大躍進。截至二〇一三年十月，我國再生能源總裝置容量已達到三千七百六十．六ＭＷ，占總電力系統裝置容量九．一％，較二〇〇九年成長近二十五％。其中太陽能裝置容量為三百二十四．六ＭＷ，較二〇〇九年九．五ＭＷ，大增三十四倍，陸域風力已設置三百十一架風機，達可開發量七成，光是中彰以北沿岸，就有約兩百五十架風機。

今年初能源局再修正二〇三〇年再生能源推廣目標量，預計達到一萬三七五〇ＭＷ，以太陽能倍增居多。官員表示，農委會開放地層下陷區及受汙染農地可設置太陽能；預估雲林、屏東共釋出逾五千公頃的土地，相當於近千座台北市中山足球場的面積，若全數設置太陽能，累積發電量可供宜蘭縣全縣一年的用電。

鹽田里、人間清境社區，太陽能發展先鋒

「這裡叫鹽田里，早期是曬鹽場，代表日照充足。鹽業沒落後，如今拿來種電。」陽光屋頂百萬座計劃南部推動辦公室主任顏坤龍，坐在台南科技工業區的服務中心大樓，神采奕奕地說。

人間清境社區距南科工車程不到五分鐘，它是南台灣陽光社區的標竿。主委昝乃秀說，三年前投資七十八萬在屋頂設置太陽光電面板，如今每個月償付貸款七千五百元，賣電收入還倒賺三千多元，而且貸款將在十年內付清；剩下的十年，每個月淨賺一萬多元，比領年金還多。

經濟部推動「陽光屋頂百萬座」的計畫，鼓勵在民宅屋頂設置太陽能，但民眾觀望氣氛濃，人間清境社區是少數由民眾自行申設太陽能的例子。由於卡位早，享有較高的優惠電能躉購費率；加上地方政府提供設備或併聯線路補助，加快資金回收年限，如今已有四分之一的住戶裝設太陽光電面板。

「地方政府的態度很重要。」工研院南分院副執行長曹芳海說。他舉例，去年內政部修訂屋頂設置再生能源設施免請領雜照標準，出最高兩公尺

台中高美濕地成排的風力發電機，是這裡最具特色的景象。

南科工旁的人間清境社區，是南台灣陽光社區的標竿，高達四分之一的用戶申請裝設太陽光電面板。

國內最大的興達鹽灘太陽能光電廠，位於高雄市永安區，占地9.45公頃，採用矽晶太陽能板聚光，將熱能轉為電能，這座太陽能光電廠滿載發電量，每小時約可發電4600度，全年總發電量約592萬度，大約可供應1600戶家庭用電。

放寬到三公尺，就來自地方政府要求。

人間清境社區住戶李海龍肯定地說，現在屋頂不只能遮陽、賺錢，還多了一個可利用的空間。

台灣風場條件優異，盼讓民眾直接受惠

大型風力機現也在循民眾直接受惠的發展模式。能源局師法歐洲常見的公民風場（citizen windfarms），積極在中部地區的潛力風場，徵詢地方農漁會、鄉鎮公所的意見，詢問他們是否願意出面整合，以公民認股的方式參與風場的經營。能源局再生能源科科長陳崇憲表示，盼能透過由下而上的方式，一改過去由廠商出面主導，解決現有風場經營的爭議。

根據二〇一三年再生能源電能躉購費率，大型陸域風機，每度二・六三元，低於離岸風力五・六元、地熱能四・九三元、屋頂型太陽能七・一六元，顯示大型風力發電在價格上極具競爭力。

「台灣風場條件名列前茅，澎湖一架風機運轉八年的發電量，德國要轉二十年。」德商 SolVen 維修經理黎森說，正是風場條件優異，躉售價格才會這麼便宜。

「未來看到風機轉，代表金錢落袋，主觀上就不那麼排斥。」陳崇憲說。

2013年風力與太陽能的發電量　單位：百萬度

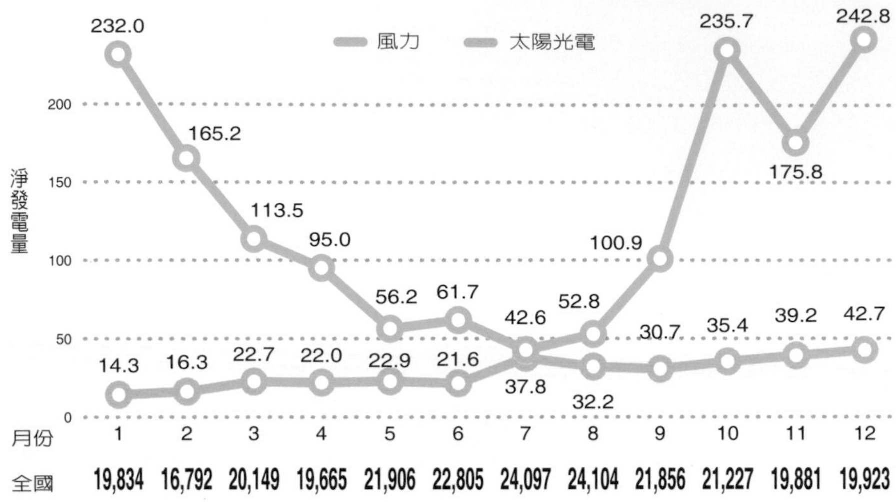

新｜聞｜辭｜典

裝置容量：只要不運轉，發電量變零

裝置容量是指發電機組產生電量的能力，常見單位是瓦（W）、瓩（kW）、百萬瓦（MW）。而發電量是指發電機組運轉一段時間實際產生的電量，單位是度（度 = 瓩 X 小時）。2012 年我國電力系統的總裝置容量為 4097 萬瓩，發電量是 2117 億度。

舉例説明，若裝置容量 80 萬瓩的燃煤電廠機組，持續運轉一小時，發電量約有 80 萬度；但如果沒有運轉，其裝置容量仍是 80 萬瓩，但發電量是零。

風機噪音吵，太陽總是要下山

儘管再生能源類型多元，但基於成本與技術發展現況，風力與太陽能至今仍是台灣發展再生能源唯二的理想選項。其中，風力因成本較低，也成反核團體支持再生能源的目標。

風機當鄰居，居民不歡迎

不過，在苗栗苑裡鄉親眼中，風機卻是嚴重破壞生活品質的搗蛋鬼。二〇一四年過年，他們選在海邊工地圍爐，在冷颼颼的強風中，抗議能源局消極制定風機與住宅的安全距離；截至六月，苑裡「反瘋車自救會」已數度直搗主管機關經濟部，地方鄉親與風場營運廠商英華威的對立愈演愈烈。

苑裡「反瘋車自救會」成員陳薈茗表示，訂定安全距離，是基於避免噪音、眩影及葉片掉落等意外的綜合考量，初步主張三百五十公尺內禁止架設風機。

五十七歲的李育嫺抱怨，即便住宅距離風力機遠達四百公尺，好天氣時，仍可聽見風機運轉的低頻噪音；若在冬季，夾雜東北季風，聲勢猶如鬼哭神嚎。

對此，能源局表示，二〇一三年已成立「風力機設置適當距離規劃跨機構專案小組」，期盼在地方自救會、環境團體、風力機與風場營運方之中，

台灣有全球數一數二的優良風場，但如今隨風場距離民宅愈來愈近，也衍生爭議，不少風場推動計畫都出現變數。

凝聚共識，可惜苑裡鄉親至今仍拒絕出席。

歷時一年多的苑裡風車抗爭事件，至今方興未艾；但在地鄉親反對大型風力機籌設，卻非新鮮事。據官方統計，自二〇〇〇年台塑麥寮率先蓋示範風場以來，十多年來共計二十九座風機（約五十八MW）取得籌設許可，但因地方反彈，放棄開發。

綠色公民行動聯盟「核電歸零」的替代方案中，二〇二五年陸域風機目標裝置容量要達六千MW，是官方版本的五倍。

經濟部過去兩次修正二〇三〇再生能源裝置容量推廣目標，陸域風機都維持一千兩百MW，背後正是社會愈演愈烈的反對聲浪。

如果風機與民宅的距離延長到五百公尺，彰化大城風場原定七～八支風機，瞬間腰斬，只留下四支，次級風場通通都不用做了。」工研院綠能與環境研究所副所長、風力機設置適當距離規劃跨機構專案小組召集人胡耀祖說。

日照條件不同，北台灣難靠太陽能

場景拉到北台灣。新北市在前能源局長葉惠青就任經發局長後，積極發展再生能源。但他也坦言，南北日照條件不同，在台南裝設太陽能面板，一年一瓩可以發一千三百度電，新北市僅約九百一十度；換言之，南北兩個家庭設置相同容量的太陽能，北部家庭就比南部家庭少了一個月的電力。

苗栗風力發電機組。

風能要風，太陽能要光，均受制於自然條件。國內太陽能電池大廠茂迪執行長張秉衡說，未來二十年，再生能源難以取代核能，成為主要供電選項。

根據能源局估算，二〇三〇年再生能源將占整體電網裝置容量達二十五%，但發電量僅占十一%。以太陽能為例，二〇三〇年太陽能發電量約七十七．五億度，是核四廠兩部機組的四成，但裝置容量是核四的二．三八倍。

日夜有別，欠缺儲能裝置

「即使以六倍的裝置容量來取代核四，但再多的太陽能，發電時間還是集中在有太陽的時候。」經濟部政務次長杜紫軍說；換言之，入夜後，欠缺儲能裝置下，太陽能裝置容量再大也是枉然，「跟吃飯的道理一樣，不是一餐吃很飽，晚上就不用吃了。」

工研院綠能所副所長胡耀祖說，太陽能即使能取代核四，由於成本太高、穩定性不足、占據大量土地面積，都不值得投資。從尖峰負載的角度來看，太陽光電很好，夏天缺電的時候，正是發電最多的時候；但「不該去討論用再生能源取代核電。舉凡能源配比中，它的貢獻度好，就應該去發展。不要有世界救星的看法，以為發展一種能源就可以了。」

台電受挫風場

風場	原定機組數（支）	實作機組數（支）	減少的裝置容量（瓩）
台南海汕洲	7	0	14,000
屏東恆春(II)	3	0	6,000
雲林麥寮(I)	16	15	2,000
雲林麥寮(II)	9	8	2,000
雲林台西	10	0	20,000
彰化永興	14	0	28,000
桃園大潭(II)	11	6	114,00
台北林口	6	3	6,000

資料來源台電

籌設中的風場

風場	裝置容量（瓩）	目前進度
竹北	9,200	取得施工許可
桃園蘆竹	6,800	籌設許可核准
桃園觀音二期	4,600	施工許可核准
苗栗通苑	29,900	施工許可核准
苗栗龍港	11,500	完工未商轉
苗栗後龍	11,500	施工許可核准
苗栗東航鋼鐵龍港	11,500	完工未商轉
苗栗後龍	34,000	完工未商轉
苗栗通苑	13,800	籌設許可核准
苗栗永能海口	9,000	籌設許可核准
台中中威I期	4,600	完工未商轉
台中大豐	6,900	完工未商轉
台中大豐	2,300	施工許可核准
彰化縣	32,200	規劃中
嘉義縣外傘頂	36,800	申請文件準備中
雲林四湖	3,000	籌設許可核准
澎湖縣	32,000	規劃中
恆春核二廠2期	6,900	籌設許可核准
彰化芳苑外海	108,000	通過環評
苗栗竹南外海	130,000	通過環評

註彰化芳苑外海、苗栗竹南外海均指離岸風場，欄中數字為2020、2018年的目標。

資料來源能源局

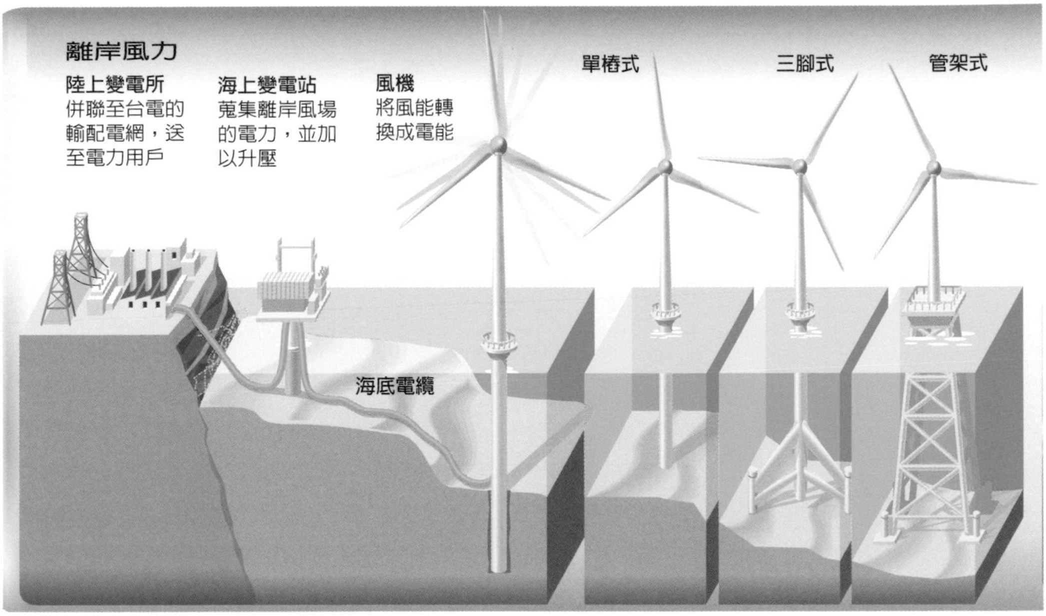

風機發電原理

風機藉由空氣的氣動力作用轉動葉片，將風的動能轉換成電能。風速愈大，風能愈高，可產出的電力也愈多。

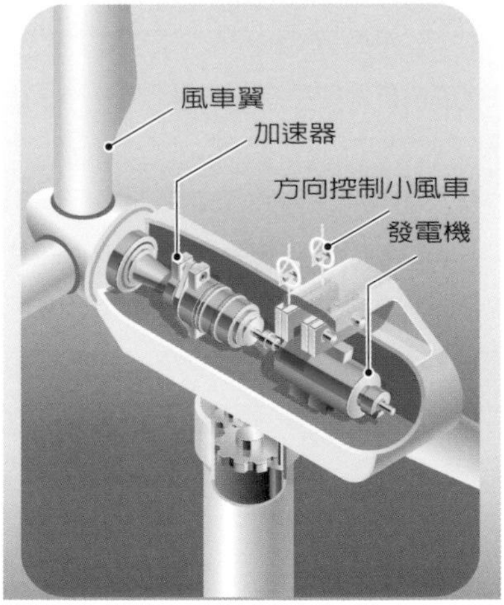

風力發電的潛在挑戰

沿岸風力	● 社會抗爭 ● 地方政府態度趨保守 ● 次級風場誘因不足 ● 環保法規趨嚴
離岸風力	**行政法規面** **國防**：禁限建區海巡雷達干擾 **航運**：航道劃設、船隻碰撞 **土地**：海域管理 **工程技術面** **設備**：抗颱風力機與耐震基礎 **規劃**：風險評估 **施工**：海事工程技術 **環境生態面** **自然環境**：候鳥與海洋哺乳類影響 **人文環境**：漁業補償、航運安全、港埠發展衝擊
中小型風機	設備成本偏高 夏季颱風恐吹落屋頂上的風機

資料來源／記者採訪整理　製表／盧沛樺
繪圖／聯合報美術中心廖珮涵、江岳穎、楊國長、蘇韋豪　■聯合報

附加電價，全民不願負擔

「民眾都會支持再生能源，但都不願意接受附加電價，這是非常矛盾的情形。」經濟部長張家祝說。

再生能源附加費，是將目前我國鼓勵再生能源發展的優惠收購成本，交由全民負擔，符合使用者付費概念；目前全由少數發電業者承擔。

與再生能源附加費有別的是綠色電價。經濟部日前公布「自願性綠色電價制度試辦計畫」草案，由民眾與企業自願認購，初期每度附加費率為一．〇六元，附加在一般電價上，合計每度電價三．九五元，平均每度電價多付三十七％。據悉，受景氣不佳影響，廠商和一般家庭的承購意願轉弱，等上路後，會有多少人向台電承購，成績備受外界關注。再生能源附加費與綠色電價最大不同是，前者是全面計入電費帳單，後者採自願性認購。

我國為推廣再生能源，設立基金支應補貼，保證收購再生能源發電業二十年。這筆基金目前由國內台電、民營電廠及汽電共生業者依比例繳納。其中台電占了七成，自二〇一〇年以來，隨著再生能源裝置容量增長，金額也跟著增加；光是台電，每年繳交的錢就從二億三百萬元，去年增至十億五千萬。折算成每戶家庭每月需多付的錢，大約四．七八元。

台灣經濟研究院副研究員黃奕儒指出，過去三年發電業不斷要求反映到電價上，唯恐欠缺回收機制，隨著基金規模擴大，發電業吃不消。根據能

再生能源躉購費率

再生能源類型	2014	2013
風　力		
陸　域	2.6338	2.6258
離　岸	5.6076	5.5626
太陽能		
地面型	4.9222	5.9776
屋頂型	5.2316~7.1602	6.3334~8.3971
生質能	2.5053~3.2511	2.4652~2.8014
地熱能	4.9315	4.8039
廢棄物	2.5053	2.8240

註1.屋頂型太陽能依裝置容量大小，分成4個級距。
　裝置容量愈大，躉購費率愈低。
2.2013我國平均電價每度2.86元(稅前價)。
資料來源能源局

源局推估，再生能源基金規模在二○二六年至二○二八年達到最大，攤提至電價，每度電費將附加○．○五至○．○六元。

基載電力轉移至天然氣，是電價上漲主因

但造成電價上漲的主因是基載電力由核能、燃煤，轉移至天然氣。根據二○一一年的新能源政策，核四商轉，核一廠到核三廠如期除役，為了補足北部電力需求，推動第三座天然氣接收站；預計二○三○年天然氣進口量由目前每年一千三百萬噸，增加至兩千萬噸，預估燃料成本將暴增一千七百三十三億元。

台電專業總工程師蔡富豐表示，目前三座核電廠每年約發四百億度電，若由天然氣替代，差價約是每度三元，發電成本一年就增加一千兩百億元，由全民埋單。另外，每年二氧化碳的排放量也增加近一千六百萬噸，有違國際減碳承諾。

智慧電網，布建計畫延宕

走向非核家園，民間團體一再強調發展智慧電網的重要性。根據行政院日前核定二〇一〇年核定智慧型電表基礎建設推動方案，分四階段佈建六百萬戶低壓用戶。其中，二〇一三到二〇一五年，預計達成一百萬戶，但目前仍僅有九千三百七十八戶。專家分析，主因是國家基礎建設，卻由台電出錢投資，台電擔心成本未來無法反映到電價上，造成智慧電表布建計畫延宕。

智慧電網成本高，台電憂難回收

因應全球氣候變遷與日本福島核災事件，各國加速再生能源的發展，其不穩定的電力特性，也帶動各國以電網升級作為配套。我國前年通過「智慧電網總體規劃方案」，預計投入一千三百九十九億元，分階段完成智慧用戶、儲能系統與分散式發電設備，以達成抑低尖峰負載，並提升再生能源的併網容量。

「電網是鉅額前期投資。台電對這件事已經愈來愈保守，擔心投資能不能回收。」台灣經濟研究院副研究員黃奕儒說。根據二〇一二年行政院核定的「智慧電網總體規劃方案」，台電須負擔一千兩百三十八億，占總金額將近九成。其中，又以設置智慧型電表系統，共要投入九百五十八億元，比

近年台電各燃料成本占比

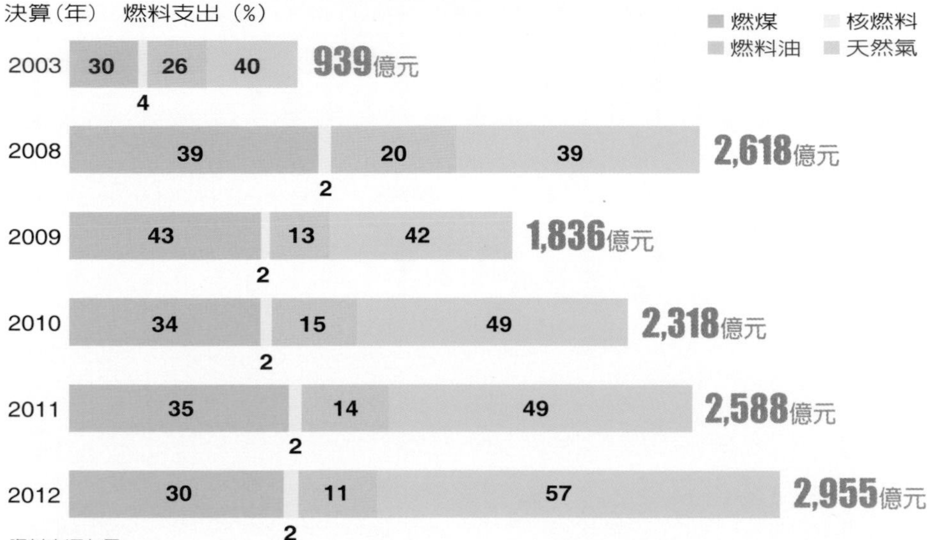

資料來源台電

重最大。

「現在智慧電表的裝設成本很高，台電已經虧損了，不能一下子投資太多錢。」台電專業總工程師蔡富豐說。

黃奕儒指出，台電現在連燃料成本都沒辦法反映，自然會擔心投資沒辦法回收。「很多問題都繞回電價的問題，沒辦法制度化的合理反映，阻礙很多事情。」

用電零成長？

監察院說

台用電戶數中，工業部門僅 21 萬戶，占整體用戶約 10%，其用電量每年約 1381 億度，比重高達 8 成；若以當年度特高壓售電每度虧損 0.52 元計算，十大工業用戶共虧損 50 億元

能源局說

評估 1996 年至 2012 年間，運輸部門用電需求年平均成長率為 10.36%，遠高於工業部門 4.57%、服務部門 3.75%

綠基會說

電價太便宜，工商部門改善能源效率意願偏低

經濟部說

供給在減少，即使電力零成長，將來供電仍會有問題

用電零成長？政府說不可能……

經濟部自二〇一三年起強制旅館、百貨公司、量販店、捷運站等十一類服務業，室內冷氣溫度須維持二十六度，違者開罰。結果夏天一到，「公共場所室溫限二十六度，民眾喊熱」、「車站、機場也限溫二十六度，民眾批管太多」的標題，頻上媒體版面。

長期協助商業部門投入節能改善的綠基會協理林文祥直言，不少連鎖業者都接獲民眾抱怨喊熱，企業老闆也覺得頭大。

夏季炎熱，節電有難度

受全球氣候變遷影響，台灣夏季氣溫屢破新高，去年住宅部門的電力消費也較前年增加。根據能源局資料顯示，去年住宅部門共使用四百三十六．八億度電，較二〇一二年多三．六億度。

「台電推動電費折扣獎勵，鼓勵民眾節電，看起來已經到了極限。」能源局官員私底下分析。民間以「減六除四」為口號，呼籲民眾透過節能手段，抵銷一座核四廠的電力需求。能源局指出，過去五年台灣經濟不景氣，二〇〇八、二〇〇九、二〇一二年三年用電都負成長，但我國備用容量率不但未提高，還從二十八．七％，降至十七．五％。

「主因是去年大林火力發電廠除役，損失六十萬瓩。加上新建火力發電廠的計劃推動不順，上線期程不斷遞延。」能源局綜合企劃組科長莊銘池說。

去年底能源局完成第二份「我國電力需求零成長評估報告」，依六大電力需求部門分析用電趨勢。報告顯示，透過採取更積極的節電措施，如檢討提高家電產品能源效率基準，並擴大強制標示，二〇一二至二〇三〇年總用電需求平均成長率預估為一．四一％。「用電零成長是不太可能，」林文祥指出。「GDP成長，經濟活動多，能源消費量也會跟著成長；除非經濟不成長，但現在光是保二，大家就都在叫。」

雖離用電需求零成長仍有一段距離，並非意味著各部門都未落實節電工作。以占全國電力消費量逾半的工業部門為例，二〇一二年製造業每創造百萬元GDP，需用電約二十七．九六千度，已較二〇〇五年降逾兩成。

透過設備改善，產業節能又省錢

走進宜蘭潤泰水泥廠，大小不一的管線在頭頂上交錯，其中有一條自高溫旋窯連至嶄新的廠房。

「這間美特耐廠原設於桃園楊梅，去年七月才搬過來。」潤泰水泥品保研發部副總鄭瑞濱說。他解釋，為了烘乾美特耐廠內的含水沙子，過去靠燃煤烘乾，如今可回收使用旋窯約兩百度的餘熱。

潤泰水泥二〇一三年榮獲經濟部頒發節能績效企業。過去一年，透過

我國2013~2030年電力需求量預測

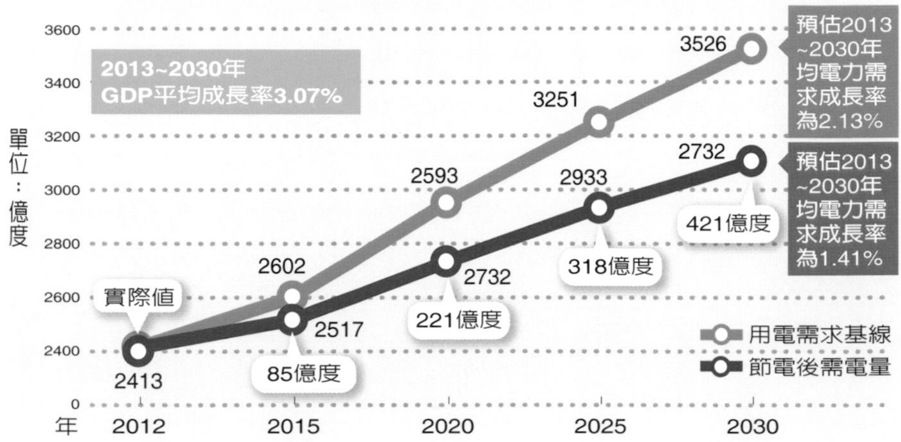

註1. 基線和2.13%：根據智庫預估2013~2030年GDP年均成長率為3.07%，根據現行既有的節能措施，2013~2030年均電力需求成長率為2.13%

2. 1.41%：若導入積極節電措施，帶動廠商與民眾有效節電下，預估2013~2030年年均電力需求成長率為1.41%。

資料來源能源局

設備改善、製成調整，省下四百萬度電，同時節省五千多噸購煤支出。

「台灣煉鋼廠有電弧爐，是非常耗電的設備，這些爐白天都不運轉，只有在晚上生產，這就是為了減少尖峰負載。」吉興工程董事長陳立誠指出。

外界疾呼產業結構轉型，降低高耗能製造業業的比重，對此，陳立誠不以為然。「餐廳、飯店等服務業所需的食材，也來自食品加工廠製造，還要交通運輸，」陳立誠說。

能源局的電力需求零成長報告中也顯示，配合政府推動運具電力化，包括北捷、高雄輕軌、機場捷運、台電電氣化、智慧電動車等，預估二〇三〇年，運輸部門的電力需求仍需三十五・七億度，是前年十二・三億度的二・九倍。

綠盟：能源管制，政府應加把勁

繼「台灣的核四真相與核電歸零指南」後，綠色公民行動聯盟去年底再度提出「核電解密—綠色經濟報告」；左打台電高估用電需求、低估核電成本，右批政府的節能政策不到位，弱化公權力的角色，一逕訴諸個人式的道德勸說，如脫西裝、關冷氣。

綠盟也在二〇一四年初披露，能源局最新的電力需求零成長報告中，預估二〇一三至二〇三〇的總用電需求年均成長率，可壓低至一．四一％，遠低於過去（一九九六至二〇一二）的三．八九％，凸顯六大用電部門積極落實節能措施下，不蓋核四也不會缺電。

綠盟理事趙家緯疾呼，台灣應積極落實能源效率管制、工業電價合理化、調整產業結構，如訂定鋼鐵、石化等高耗能產業的國家發展上限、實施政策環評，並訂定分期分區能源供應上限。

換言之，民間團體把矛頭瞄準產業界。

其中以工業電價補貼最為外界詬病。監察院去年也指出，全台用電戶數中，工業部門僅二十一萬戶，占整體用戶約十％，其用電量每年約一千三百八十一億度，用電比重高達八成；且前十大工業用戶占盡工業用電價格優惠，用愈多，全民補貼愈多。

監察院報告顯示，二〇一二年前十大工業用戶為，鋼鐵業六家、電子

用電零成長方案

經濟成長率	3.8%
能源效率提升目標	每年進步3.6%
電力需求量成長趨勢	2025年電力需求量降至2010年
燃煤火力	2025年比2010年削減65%
核電	核四停工，核一至核三除役
再生能源發電	2025年達到1萬6450百萬瓦(MW)，發電量占比為21.2%
發電成本增幅	是2010年的2.12倍
住商總電價平均增幅	5.4%
產業結構轉型	訂定高耗能產業發展上限，調整產業結構

資料來源綠色公民行動聯盟 ■聯合報

各燃料的碳排放係數、安全存量、排碳量

各類發電類型	核能	燃煤	燃氣	再生能源	
				風力發電	太陽光電
每度電CO2排放（公克/度）	0	839	389	0	0
安全存量	一年半	30天	7~14天(夏天7天)	在台灣尚無法有效儲存，無法作為基載	
機組可利用率	90%以上	90%以上	85%以上	28~38%	14%
發電成本（2012年，度元）	0.72*	1.64	3.81	2.64*	6.76~9.46*

註1.機組可用率係指該機組全年可併聯發電時間（hr）8760（hr）
2.核一~核三廠因設備已折舊完畢，每度發電成本為0.72元；核四發電成本為每度2元。
資料來源能源局

業三家、煉油業一家。若以當年度特高壓售電每度虧損〇・五二元計算，十大用戶共虧五十億元，占當年工業用電虧損總金額的十二・九八％。

在外界不斷施壓下，改善產業結構，改善工業部門的能源效率，已成為國家調整能源配比的主旋律之一。

根據二〇〇九年修正通過的「能源管理法」，需對石化、電子、鋼鐵、水泥、紡織及造紙業訂定「節約能源及使用能源效率規定」。但目前紡織及電子業，仍在凝聚共識。

趙家緯對此大表不滿。他說，我國產業結構中，電子製造業比重高，也是台灣未來用電需求增長幅度最大的產業型態，至今卻遲未提出管制標準。根據工業局推估，二〇一三年至二〇三〇年工業部門ＧＤＰ年均成長率為三・三四％，其中，資訊電子工業為四・七％，不但高於平均值，更遙遙領先居次的新興產業。

趙家緯也批評，政府雖祭出產業能源效率規定，並擴大實施節能服務團，但現階段僅以勸說、輔導為主，欠缺強制措施，導致整體節能成效有限。

二〇〇九年行政院核定國家節能減碳總行動方案，以能源密集度每年減少二％為目標。工研院綠能與環境研究所副所長胡耀祖表示，工業部門目前約為一・五～一・七％。他說，我國以中小型傳統產業為主，普遍生產設備較舊。

「一個廠投資下去，十年、二十年，要體諒二十年前投資的人，拿現在的標準去要求，有時候未盡公允。」胡耀祖說。

綠基會協理林文祥則不諱言，我國電價太便宜，讓廠商投入能源效率改善的意願偏低。以服務業為例，電力支出只占總成本五％以下，過去兩波電價合理化，商業部門的電價約漲兩成，換算下來，企業的成本支出僅增加約一％，影響微乎其微。

根據綠盟的用電需求零成長版本，目標是二〇二〇年的用電量降至二〇一〇年的水準，之後用電量不再增加，自二〇一六年起用力需求轉為負成長。相對於官方將能源效率改善目標訂為二％，綠盟訂下三．六％的高標準。

「我們要的不是能取代核電的替代能源，而是能取代既有政策的替代方案。」綠盟副秘書長洪申翰表示。「當省下的能源愈多，面對未來持續走揚的化石燃料及核電價格，受到的影響就會愈小。」

政府評估用電零成長難度高，環團卻反批政策執行不力。圖為台中市大肚郊區的高壓電塔。

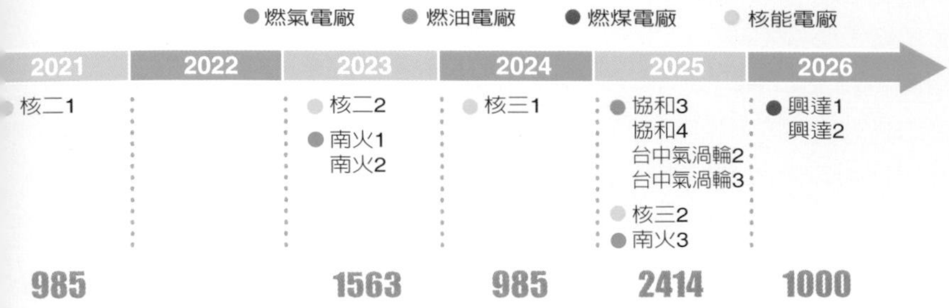

製表江睿智　繪圖聯合報美術中心俞雲襄、廖珮涵、蘇韋豪、江岳穎、楊國長　聯合報

更新計劃拖延，電廠排隊等退休

「現在是供給在減少，即使電力零成長，將來供電都會有問題。」經濟部長張家祝說。

據台電二〇一四年二月公布最新的電源開發方案，林口兩座燃煤電廠將在今年九月退休，未來三年，通霄、大林、協和共八座火力電廠陸續除役。台電專業總工程師蔡富豐指出，即使林口電廠更新計畫正在進行，最快也要等到二〇一六年才有第一部機能上來。

「由於在地居民抗爭，火力發電廠必須如期除役；但也基於同樣原因，新建電廠與電廠更新計劃常常上不來。」能源局官員無奈地說。新、舊電廠青黃不接，造成潛在電力缺口。

根據能源局資料顯示，我國電廠推動計畫中，共有五案推動不力。最早是二〇〇四年奉核的彰工電廠新建計畫，原規劃第一部機組於二〇一一年商轉，但環評審查拖了八年，遲遲無法通過，目前已暫緩推動。

其他用來提高發電效率的機組更新計畫，如林口、深澳、大林、通霄，也因地方民眾示威抗爭和環評審查延宕，導致機組商轉時程延後。

「通霄燃氣電廠一至三廠目前的運轉效率只有約三十%，新的電廠可以增加到八十%。」蔡富豐說。台電高層深盼更新計劃順利推動，改善火力發電廠的機組效率。

電廠除役時間表

年別	2014	2015	2016	2017	2018	2019	2020
	林口1 林口2	通霄1 通霄2 通霄3	大林5 大林3 大林4	協和1 協和2	核一1	核一2	台中氣渦輪 台中氣渦輪 通霄4 通霄5
裝置容量 (MW)	600	765	1250	1000	636	636	898

資料來源能源局

「台灣人只要電，不要電廠，」張家祝說。二〇一三年二月，行政院改組，張家祝卸下華航董事長職務，銜命接下經濟部長的位置，一大任務就是核四廠的存廢問題，特別是日本福島核災後，民間對核能發電日漸升高的疑慮。但在過去一年，台灣社會不但有愈演愈烈的反核運動，火力發電廠（包括輸配電設施，如高壓電塔、變電所）、大型風場的鄰近居民，也相繼出現示威活動。

能源局官員也說，為了解決北部用電的危機，台電打算在大潭電廠增設四部機組，每部機組發電量為七十二萬瓩，但新增的發電量光靠現有輸電線不夠，但要新拉輸電線、蓋高壓電塔也不容易，地方已傳出阻力。

今年四月行政院決議封存核四廠，一般解讀為直接判核四死刑。根據台電今年備用容量率預測，若核四廠未能如期商轉，二〇一六年備用容量率將會降至十．二％，將陷缺電危機。

推廣低碳社區，節能的螞蟻雄兵

去年底APEC召開能源工作小組會議，頒發能源智慧社區競賽，新北市環保局推薦的低碳鶯歌，一舉打敗經濟部工業局的電動車計畫，躋身全球第二位。

鶯歌、新店大鵬華城，低碳社區標竿

不過，鶯歌只是新北市成功推動低碳社區的一例。新店市大鵬華城是個十五年的老社區，如今卻走在低碳趨勢的前頭。去年底獲環保署補助，住戶自籌二十七萬在屋頂設置一點六瓩的太陽光電面板。更早些時候，先更換停車區域的照明設備，「花三十三萬購置新燈具，但一年電費就省下一百萬。」前主委吳龍城說。

走上社區活動中心頂樓，井然有序的苗圃，運用太陽能發電，營造魚菜共生的環境，工人們也加緊施工，完成雨水回收系統，以利未來澆灌使用。由住戶就近照顧、食用，也符合低碳飲食的概念。「屋頂農園還能降低頂樓室內溫度，並減少陽光直射水泥，造成屋頂龜裂的情形。」低碳社區發展中心主任朱益君表示。

此外，由於低碳社區評鑑制度中，納入綠色交通，帶動社區設置電動機車充電站，隨著全市充電站數目增加，新北市電動機車的使用人口也跟著

新店大鵬華城社區，在屋頂裝太陽能、雨水回收系統，並經營屋頂農園，營造低碳社區。

成長。

新北市是全台第一個地方縣市成立低碳事務專責單位，七年來成果豐碩。據統計，推動低碳社區以來，至今累計收件餘五百分，節電效益共一二七五萬度、再生能源發電量零點六萬度、減碳量九一七二公噸。曾獲經濟部辦理「夏月・節電中」縣市競賽第三名，僅次連江縣及嘉義市。

以城市的力量影響國家

朱益君說，許多社區都想做，但不知道從何做起，因此新北市開辦低碳社區規劃師認證，讓市民成為種子師資，幫有意願的社區解決疑難雜症。熱忱是這些無償志工的驅動力，師資散佈全市，發揮螞蟻雄兵的力量，「以城市的力量影響國家」。

新北市在住宅與工商部門，雙管齊下。其中，低碳社區的推廣經驗已有其他縣市政府跟進。家戶的力量雖小，但積沙成塔，能發揮螞蟻雄兵力量；透過在地節能減碳的實績，抑低用電需求，讓國家制定能源政策下一步，有不同的想像。

Chapter 4

擁核，法國不怕嗎？

法國

盧沛樺

擁核，法國不怕嗎？

夜幕中熠熠生輝的巴黎鐵塔，是人們對巴黎的美麗記憶。但你知道嗎？浪漫的馳名觀光花都，電力系統竟高達七成以上仰賴核能發電，這固然是根植於法國發展核武的歷史背景，但政府核安系統以開放的胸襟，容納更多不同專業與非電力專業的在地民眾，化身為核安的守護神，更令人印象深刻。

七成以上電力，仰賴核能

法國政府自一九九四年起，每年進行兩次針對兩千人的問卷調查，題目是「選擇核能供給法國四分之三的電力是好還是壞？」，截至二〇一二年，將近二十年的歲月，支持的人數都占全國人口的一半。即使二〇一一年發生日本福島核災，支持者與反對者的情勢逆轉，但隔年支持者再度超越反對者，攀上近五成的人口支持。

實際走進法國人家，我們見識到法國人不如想像中的浪漫，談起能源安全，態度務實得很。有一戶人家說，儘管福島核災證明核能具有危險性，但光靠風力能產生足夠的替代電力嗎？他支持政府走上減核的道路，但必須務實想出可行的替代方案。

另一戶受訪者是克羅埃西亞裔，因為親身經歷國家內戰的社會動盪，支持法國自產核能，免於仰賴能源進口，引發的國際政治衝突。

法國著名地標巴黎鐵塔，在夜幕中熠熠生輝，但美麗的燈束，是靠著占電力系統逾7成的核能發電供應。

核安透明，由民間團體把關

二〇〇六年，法國政府通過「核能安全與透明化」法案，可謂核安保障往前跨進一大步，傳統由技術官僚掌握的能源政策及核能安全，正式邀請民間團體成為其中一員。

支持核能的原因各異，但目睹日本核安破功後，追求最高品質的核安文化，成為鞏固法國核電政策的最重要後盾。

記者在出發前的預訪，得知法國有數十個「地區核安資訊委員會」（以下簡稱核安會），角色近似於台灣的民間團體，扮演核安的糾察隊，長時間持續糾舉核電廠營運商的違失。

實際走訪後才發現，光有民間團體，不足以自行；法國民間核安監督單位，受惠於核能安全與透明化法案，擁有充裕的資金，藉此延攬第三方專家進行獨立研究，且核電廠與核廢料暫時貯存與最終處置場，均須開放民間抽檢、突襲，上述核工業營運方針對民間提出的疑難雜症，並負有限期內回應的義務。換言之，核能安全與透明化法案化身公民監督的後盾，讓處於資源弱勢的民間團體，夠格與核工業拚命周旋到底。

事實上，正是受惠於「核能安全與透明化法案」，讓民間團體擁有充裕資金，能夠延攬第三方專家進行獨立研究，而且核電廠與核廢料暫貯與最終處置場的營運地方，都有開放民間團體抽檢、突襲，並限期回應民間疑慮的義務。

2012年法國發電種類比率

單位:%

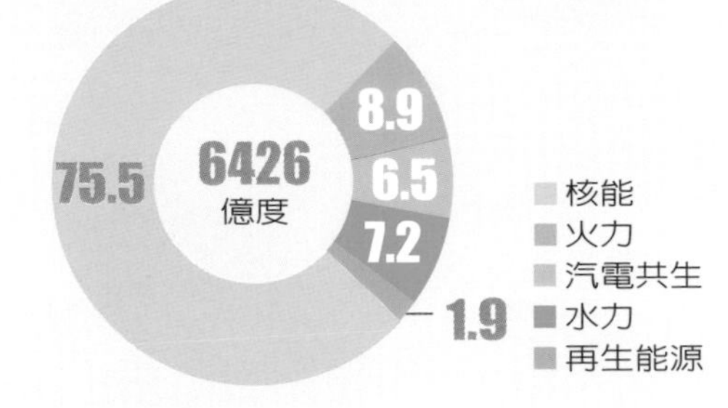

資料來源法國電力公司　　聯合報

一分鐘看懂 法國能源現況

自有能源比重 53%

中長期發電比重規畫	減核
核電機組數量	58部
運作中的核電機組數量	58部
家庭用電每度價格	5.18台幣
工業用電每度價格	3.44台幣

製表盧沛樺　聯合報

法國有高達四分之三的電力來自核能，受福島核災影響，能源政策也跟著轉彎，但仍有半數民意同意生活中少不了核電。傳統核能大國，靠著核安與資訊透明，贏得民眾信賴。

確保核安和尋找替代方案，同時並行

法國東北角的費森翰核電廠，即將因總統歐蘭德的減核承諾走向除役。我們來到距離費森翰核電廠僅三十公里遠的小鎮，小鎮居民對我們說，每當聽到爆炸聲，就擔心是核電廠發生事故。

對核安欠缺信心，源自法國在車諾比核災中，未對民眾據實以告，也從那時起，風起雲湧的反核街頭運動，成為醞釀地區核安會的契機。

法國如今走上更民主、更透明的核安文化，並非憑空而降，而是民間

法國境內計有上百座的核能相關設施，核電廠密度高居世界第一，核災風險絕不下於其他國家。

力量一路努力不懈爭取而來。

法國境內高達上百座的核能相關設施，核電廠密度冠居全球，核災風險絕不下於其他國家，反核有理，但在找到替代方案前，法國人的共識是確保核安，而且是讓民眾進場親自為核安把關。

此情此景，映照台灣的現況，電力公司、行政與監管部門都必須放下專業的傲慢，讓核安資訊力求透明，民間團體也應該在反核主張外，更加理性地面對核安議題。

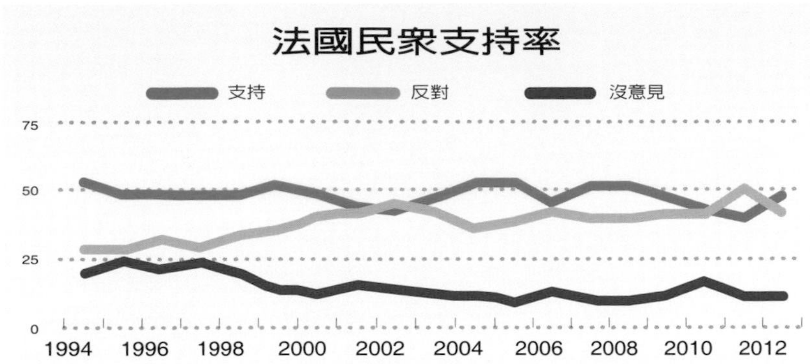

註法國每年二次，對二千名年滿十八歲的民眾調查，是否支持全國四分之三電力來自核電　▇聯合報

核安透明 法國人逾半挺核

「公民應該知道核能是危險的。」雖然法國四分之三的電力來自核能，核能安全署（ASN）前署長拉寇斯特仍肯定地說。八年前，法國針對核能安全資訊透明化制定專法，要求核安監管機構及核設施營運商，誠實公開資訊，同時賦予民間團體查證的權利，制度獨步全球，也突顯民主成熟國家，以高度透明化與溝通，取得人民信任。

五成民眾挺核電，二十年不變心

法國人對高達四分之三的電力來自核電，從一九九〇年代以來，支持者皆達五成。即使二〇一一年日本發生福島核災，導致當年支持度略低於反對派，但一年後，支持核能的比例又超越反對者。

法國是如何做到的？二〇〇六年，國會通過「核能安全與透明化」法案，正是拉寇斯特與民間團體積極奔走完成。該法讓核能安全署脫離原子能與再生能源署（CEA），直接向國會報告，確立監管獨立的原則。

核能安全署是個門禁森嚴的科學堡壘，監督全國一百六十四座核設施，包括反應爐、核子燃料濃縮煉製與再處理廠、放射性廢棄物最終處置場、放射性應用的醫療中心等。

展示中心不上鎖，歡迎「臨檢」

但核能安全署一樓的展示中心大門有個直通街道，上班時間隨時等著民眾上門。民眾也能免費索取國內五十八座運轉中核能機組的安全評估報告。

「告知是重要的使命，保持透明，誠實地說我們做的每件事，盡一切可能讓民眾接觸資訊。」副署長拉修姆說。

除了英文版官方網站，核能安全署還經營社群媒體，發布訊息。記者二〇一三年十月造訪時，大門旁展示著一件鉛製晚禮服，吸引眾人目光。公關扎維向我們解釋，是希望以美學的方式，加強與社會的對話。

核能安全署也積極蒐集民間聲音，政策決定前先上網公布兩個月，供民眾提出意見；再將全國分成十一個地區，設置區域中心，就近服務在地群眾，並隨時出席民間團體的會議。

下午兩點半，地鐵東站旁的小公寓擠滿了人，討論核災的代價。與會者以地區核安會成員為主，但也有來自核能安全署、法國輻射防護暨核子安全研究所的代表，不時針鋒相對。由地區核安會全國聯盟（ANCCLI）副主席沙爾擔任主持人，但角色更像和事佬，以確保討論進行下去。

「組織要中立，想辦法獲得最正確的訊息，然後告訴人民。最重要的是，讓營運商和政府沒有隱瞞。」沙爾說。

上圖：核能安全署前署長拉寇斯特任內推動完成「核能安全與透明化法案」。他認為，公民有權利了解核能是危險的。

左圖：核能安全署副署長拉修姆強調，告知是組織的使命，組織要抱持透明，對外誠實告知核能安全署做的每件事，並盡一切可能讓民眾接觸資訊。

下圖：地區核安會全國聯盟在巴黎地鐵東站旁的公寓裡開會，討論核災的代價。出席者中有官方代表、智庫、在地居民、勞工代表等，意見分歧，齟齬時生。

原子能及再生能源署。

民意監督超專業，營運商變乖

退休消防員瑪依蝶是卡達拉須地區的核安資委會成員，這天也風塵僕僕地北上參與在巴黎的會議。她說：「我們每年的經費約有兩億歐元。」瑪依蝶說，「百分之五十來自省議會或大區議會，百分之十來自核設施鄰近市鎮捐贈成立的公基金，剩下百分之四十，由組織提出調查計畫，向核能安全署申請經費。」巧婦難為無米之炊。民間組織透過檢測、研究、資料分析、出席官方會議、召開社區說明會等，為核安把關，都須以充裕穩定的資金為後盾。

資訊透明、民意監督、監管獨立，形成法國核安的鐵三角。地區核安資委會全國聯盟主席德拉隆德笑稱：「法國電力公司再也不敢亂說話了，也真的看到他們變乖了。」

「不要以為民間參與是一件容易的事，法國花了三十多年，才走到這一步。」地區核安資委會成員杜布雷伊說。如今，法國經驗正在輸出，核能透明看守（NTW）去年成立，是全歐洲的民間核安監督團體，參與的國家中，有的根本沒有核電，「但大家都意識到，只要一國發生核災，全歐洲都會遭殃，因此核安是共同的議題。」杜布雷伊說。

歡迎參觀！法國核電廠搞親民

汽車駛離巴黎約兩個半小時後，來到聖洛朗核電廠。遠遠就能看到兩座不斷噴著白煙的冷卻塔。以羅亞爾河畔為界，沒有高聳屏障。方圓不到一公里，牛群埋首吃嫩草，還可看到溫室農場。

依不同年齡層設計導覽路線

甫進大門，就見行政樓層的牆上貼著成排的童畫，聖洛朗廠公關主任梭旺瑪涅解釋，那是鄰近小學的學童畫出心中的法國電力公司。他說，核電廠為了加強與社區的互動，類似活動不勝枚舉，也常邀請民意代表、地區核安會成員、國高中生等，進廠參訪。

核電廠開放參訪的頻繁程度，由導覽工作委外可見一斑。專業公關公司承攬核電廠導覽工作，參訪路線依年齡層和職業別而有不同。

為我們導覽的人，用能讓青少年聽懂的淺顯語言，向外界說明核能發電的原理。通常父母會陪同參訪，也有助成年人了解核電廠運作。

「福島核災後，我們開始思考那些根本不可能發生的情況。」核安暨品質任務主任尚夏凡說。以聖洛朗核電廠為例，羅亞爾河一帶從沒發生過乾旱，但該廠已在規劃若因河川水位太低，造成冷卻水不足時的因應方案。例

法國核安四大支柱

核設施營運單位
包括法國電力公司(EDF)、國家放射性廢棄物管理局(ANDRA)、亞瑞華(AREVA)
任務：核燃料之煉製濃縮，用過的核子燃料再處理，核電廠營運、核廢料最終處理
台灣類似機構：台電
（但不負責燃料處理）

核能安全署
原隸屬原子能及再生能源署(CEA)，2006年成為獨立機關，是法國核安監管單位。
任務：擬定核安規範、核能設施營運授權、定期檢測、告知民眾等
台灣類似機構：原子能委員會

地區核安資訊委員會全國聯盟
2000年成立，與全法38個地區核安資訊委員會密切合作。
任務：資訊交流、整合專家、向政府遊說。聚焦放射性廢棄物處置、反應爐、核電廠除役等議題
台灣類似機構：新北市核安監督委員會

法國輻射防護暨核子安全研究所
2001年成立，是公共顧問團，研究主題包括環境輻射、人身輻射防護。
任務：不只為政府部門提供諮詢，亦是民間團體執行核安研究、檢測的合作對象
台灣類似機構：核能研究所(註)

註法國輻射防護暨核子安全研究所是獨立機關

■聯合報

法國核安透明，多數民眾支持核電。圖為聖洛朗核電廠兩座不斷噴出白煙的冷卻塔，核電廠前，牛群或站或臥，一派悠閒。

全國最大民用核能公司亞瑞華能源集團，也在車諾比事件後，加強資訊透明與溝通工作，每年舉辦上百場社區溝通見面會。

如，在用過核子燃料冷卻池內安裝水位偵測計。

「當初一看到福島核災發生，第一時間就在想該如何解決事故後，核電廠被完全孤立的情況。兩個月後，我們主動提出成立快速反應部隊的計畫。」尚夏凡說。該計畫將全國分成四區，三百名負責管線、維修、後勤和輻射防護等不同領域的資深工程師，二十四小時待命。「若意外發生，他們要確保水電供應無虞，讓惡化的程度降到最低。」尚夏凡說，該計畫共花了二・五億歐元。

資訊透明，讓民眾安心

「核電廠會開放民間邀請的專家進廠做檢測嗎？」我詢問梭旺瑪涅。他笑著說，如今的法國電力公司，就像是「玻璃屋」，應付核能安全署、民間組織的抽檢，就像日常工作的一部分。

「車諾比核災發生前，工程師認為，你們不要來煩我，我知道自己在做什麼。核災發生後，才發現要讓大眾知道什麼有危險，也要懂得用工具跟大眾溝通。」梭旺瑪涅不諱言表示。

全球最大民用核能公司亞瑞華能源集團（AREVA）每年舉辦逾百場社區溝通見面會，「就連沒有核電廠的地區，我們也會去拜訪。」溝通部門資深副總于夫奈格爾說：「資訊透明化後，來自外部的壓力少了很多。」于夫奈格爾一邊說，嘴角也漾起微笑。

代代追蹤……法國每桶核廢都建檔

芬蘭紀錄片《核你到永遠》，片中不斷追問一個問題：要放長達十萬年的放射性廢棄物最終處置場，其資訊如何確保代代相傳，不隨時間或社會動盪而佚失？

傳統核工大國法國，現已有一套標準作法，包括資料備份，存放在國家檔案局，並廣邀最終處置場的在地民眾和民間組織，成為監督的一份子，讓場址的記憶不只在官方，也在每一位老百姓的心中，以利記憶傳遞。這樣的制度設計，不但確保場址未來成千上萬年的安全，也對未來好幾個世代負責任。關於世代正義，法國國家放射性管理局（簡稱放管局）做得不只這樣，也在全國辯論中，確立處置技術須確保「可逆性」。

給後代子孫重新做決定的權利

「是指技術上讓掩埋後的用過核子燃料能夠再取出，才能讓下一代有重新做決策的權利。」放管局烏祖尼安解釋。隨科技進步，用過核子燃料的貯放技術，可能取得突破，後代子孫應有權利依其意願，重新評估如何處置放射性廢棄物。「這意味著，現有大量的技術性工作，都是為了用以支持未來的決定。」烏祖尼安強調。

法國2006年通過「放射性廢棄物永續管理計畫法案」，明定用過核子燃料採取地質深層掩埋，且技術尚須確保可逆性，以利後代可取出再做決定。

6

鉛桶依序放入貯槽。蘆伯場每個貯槽共疊8層，一旦封裝完成，就會覆蓋混黏土牆，定期抽水測試，確保無過量輻射外洩。

鉛桶放進貯槽前，要先聽過儀器掃描桶上的條碼，用來紀錄每個盛裝容器的內容物、從哪裡來、未來會放在哪裡。

5

工人操作機械吊臂，將鉛桶慢慢升起。

4

核廢料處理過程

蘆伯最終處置場占地約30公頃，預計蓋150個地面型混凝土貯槽，塵封來自全國各地產生的放射性廢棄物。

載著核廢料的卡車，駛進蘆伯場，要先經過工作人員持輻射劑量器，車內車外量測，確保輻射量符合安全規定。

放射性廢棄物鉛桶放入貯槽前，先由工作人員登錄資料，並檢查容器是否變形。

放管局是法國做放射性廢棄物最終處置的專責機構，一九七九年成立，隸屬原子能及再生能源署。一九九一年經國會辯論，放射性廢棄物應由獨立專責機構負責，國家放射性廢棄物管理局才脫離原子能及再生能源署。

該局自國內上千個放射性廢棄物生產機構回收廢棄物，現有三處最終處置場，其中，位於法國西北部的芒什場已覆土，不再接收放射性廢棄物。

「法國核能發電的比例非常高，遲早要面對核廢料處理的問題。」烏祖尼安說。前往位於巴黎東方約三百公里的蘆伯中低放射性廢棄物最終處置場，隱身在一大片森林裡。我們一行人驅車前往，迷路好幾次。占地三十公頃的處置場，預計蓋滿一百五十個地面型混凝土廢棄物貯槽。

每一桶都編碼，隨時可追蹤

「每個容器都有條碼，知道內容物有什麼、從哪裡來、未來曾放在哪裡。」負責導覽的貝賽說。分類處理後的放射性廢棄物送進最終處置場後，場內工作人員放進混凝土貯槽前，都要先經儀器掃描編碼，以備未來追蹤。

蘆伯是法國第二座中低放射性廢棄物的最終處置據點，一九九二年啟用，接續芒什場覆土之後的接收處置任務。

根據統計，法國現有約一百一十五．三萬立方公尺的放射性廢棄物，相當於台北一〇一體積的一半，其中約八十八％已經完成最終處置，全是中低階、短半衰期的放射性廢棄物。

核種半衰期

核設施會產生上百種具放射性的核種，以下條列主要輻射物質

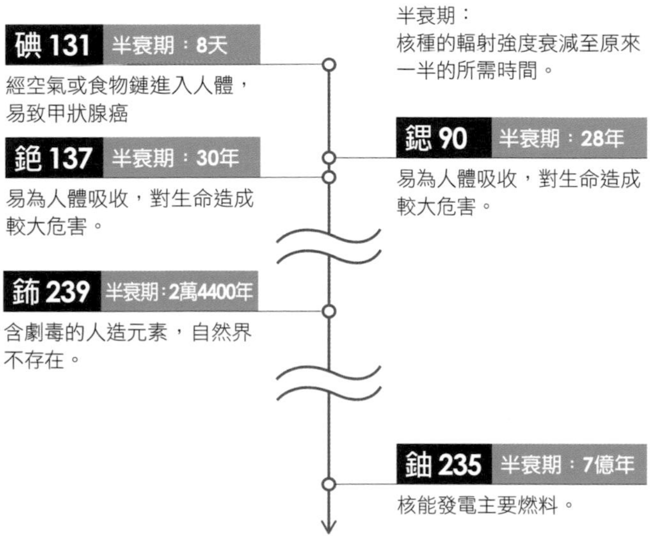
半衰期：
核種的輻射強度衰減至原來一半的所需時間。
碘131 半衰期：8天
經空氣或食物鏈進入人體，易致甲狀腺癌
鍶90 半衰期：28年
易為人體吸收，對生命造成較大危害。
銫137 半衰期：30年
易為人體吸收，對生命造成較大危害。
鈽239 半衰期：2萬4400年
含劇毒的人造元素，自然界不存在。
鈾235 半衰期：7億年
核能發電主要燃料。

資料來源：《與核共舞的覺醒》，作者賀立維

事實上，由專責機構擔綱處置任務，一大原因是一九八〇年代風起雲湧的反核運動。當時民眾發現放管局開始尋找用過核子燃料的掩埋場址，但幾個地方都在未經告知下成為候選場址，消息揭露後，引發大規模抗爭。

核廢選址，需經地方自願

「起初民眾反對，經過二十年的溝通，包括合作辦活動、提出市鎮改造計畫、開放參觀、提供在地就業機會，情況才好轉。」貝賽描述蘆伯場鄰近居民態度的變化。

經過一九九一年的辯論後，國會宣布最終處置場候選場址必須以地方自願為基礎，並在二〇〇五年舉辦全國核廢料最終處置的公開辯論，歷時半年，促成隔年通過「放射性廢棄物永續管理計畫法案」，明定用過核子燃料採取地質掩埋、禁止接收國外用過的核子燃料，可逆性的處置原則也正式寫進法律條文。

法國放管局國際組組長烏祖尼安指出，最終處置場在規劃之初，就要納入區域發展的考量。

支持核能 法國民眾仍憂心核廢處理

「燃煤會造成嚴重的空氣汙染，就像中國大陸的霾害，讓我擔心以後我的孩子要住哪裡。這是我會支持核能的原因之一。」任職金融業的法國人胡家衛說，「但我還是有些焦慮，未來核廢料要怎麼處理。」

有兩個孩子的胡家衛，是克羅埃西亞裔，小時候見證國家內戰，體悟能源自主的重要性，因此支持法國的核能政策。但聊到一半，胡的視線飄向兩個年紀還小的稚兒，對核廢料如何處理感到憂心忡忡。

核廢料的問題是道德問題

法國將放射性廢棄物依輻射程度和半衰期長短，分成五個等級。目前極低和中低放射性廢棄物，均有最終處置場，但是即使是中低階、短半衰期的放射性廢棄物，都需要三百到五百年的安全監控。「核廢料的問題是道德的問題，變成我們今天使用，垃圾留給後代子孫去解決。」終結核能聯盟公關蜜鐘說。

至於低階、長半衰期的核廢料及用過核子燃料，至今還在研究中，最終處置地點也還存在疑義。

「地質學家發現，用過核子燃料預定最終處置地默茲省比爾市有地熱，依法不能當作掩埋場，」蜜鐘不滿地說，「但負責處理的放管局堅稱沒有。」

核廢處置廠，不受歡迎的鄰居

二〇〇六年五月，由政府任命監管芒什最終處置場的實驗室ＡＣＲＯ，調查發現鄰近農地的地下含水層，輻射量高達每公升九千貝克，是法定安全值的九十倍。

事實上，過去數十年來，法國重要產酒區和農業、畜牧業，都曾經對核電廠及放射性廢棄物處置場表達反對立場，憂心輻射汙染會衝擊在地產業。

「核廢料會留存很久很久，這是犯罪，對子子孫孫是不負責任的。」這是凱塞斯堡市市長史多爾為自己一生反對核能發電，所下的結論。

堅定反核的蜜鐘認為，核能除了帶來核災的風險，也牽涉了道德問題，核廢料會存在很久，變成這一代享受廉價電力，垃圾留給後代子孫解決。

自聖心堂向下眺望巴黎夜景，是觀光客必走訪的行程。夜晚9點，巴黎燈火通明，宛如不夜城。

法國企業憂心，減核削減競爭力

上午十一點，一部卡車緩緩駛入蘆伯放射性廢棄物最終處置場。車子停妥，一名全副武裝的工作人員，手拿輻射偵測器，開始在車身內外、車上載的放射性廢棄物鉛桶量測，確保輻射量符合國家規定。放管局公關貝賽解釋，從司機到場內的工作人員，大量仰賴外包人力，且絕大多數是雇用當地的勞動力。

核能工業，是法國重要產業

法國核工業世界馳名。「核工技術出口，每年約六十億歐元，占GDP的百分之二，相關領域的就業機會約四十萬個，占全國就業機會的百分之四。」法國企業雇主協會秘書長吉爾伯說。

長遠的核電發展史，從鈾礦開採、濃縮煉製、反應爐設計、興建、維修，乃至用過核子燃料再處理及最終處置工作，法國核工業上下游技術、產業鏈完整，全國超過上百座核設施，衍生周邊就業機會。

亞瑞華資深行銷副總裁樂步雪說，核能為法國創造許多高附加價值的就業機會，長期外銷的核能技術，讓核工業成為法國的資產，並形成正面的國家形象。

去年底，政府挺核動作頻頻，包括支持核工業成立「法國核能出口產

位於巴黎皮加勒紅燈區的紅磨坊，建於1889年，屋頂上的紅風車是著名地標。

業協會」，並在法國總理艾侯率隊下，前往中國大陸拜訪官員，拓展核電的合作機會。

維持企業競爭力，需廉價穩定能源

核能存廢也決定其他產業馳騁國際市場的優劣勢。「法國條件不比他國好，例如高工資和高稅制的環境。」吉爾伯強調，核電提供廉價穩定的能源，是維持企業競爭力的基石。「德國減核後成本增加約一兆歐元，嚴重影響企業競爭力，這是法國不願見到的。」

就像歐洲其他大部分國家，法國經濟成長率仍陷停滯，讓國家能源轉型的議題雪上加霜。吉爾伯口氣堅定地說，「保留核能，是目前能找到務實、經濟的唯一一條路。」

法國企業雇主協會秘書長吉爾伯認為，法國高工資又高稅率，只有便宜的核電，讓產業維繫一定的競爭力。

法國民眾捍衛核安，市長帶頭上街頭

位於法國北邊的格拉夫林核電廠，建於一九七四年，廠內共有六部機組，一度是全球最大核電廠。興建之初，也面臨龐大的地方抗爭，時任鄰近核電廠的洛翁普拉日市市長德拉隆德，就是抗議人士代表。

「我當初反對，是因為被迫接受，身為地方首長，沒接獲徵詢，也沒人來解釋核能發電是好是壞。」回溯上街抗爭的記憶，德拉隆德不慍不火地說：「我們想要參與，我們有知道的權利。」

追求核安，二十五年的辛苦抗爭

當時正值法國數十部核能機組大興土木的時代，街頭上的反核運動，處處可見。一九八一年，時任總理的莫魯瓦才頒布命令，由鄰近核電廠的地方首長成立地區核安會，開啟民間監督核安基礎。

「地區核安會的成立，是要讓所有關心核安的人，都能上桌討論，這裡面有人反核、有人擁核，也包括核電廠的員工，現身說明廠內的工作情況。」德拉隆德說。

他自一九九八年擔任格拉夫林地區核安會的主席，每年召開逾十次的會議，除了向民眾傳遞核安政策與監管報告，也蒐集民間意見，向政府傳達。

二〇〇〇年地區核安會全國聯盟推動核能安全與透明化法案，德拉隆德在二〇〇五年擔任主席，蟬聯至今。他說，民間監督不是要指責政府，而是希望國家不要忽略民眾的聲音。以格拉夫林核電廠為例，核電廠緊鄰石油開採區，民眾擔心核電廠抽取海水，用以冷卻反應爐時，若把摻進石油的水灌進反應爐，後果將不堪設想。經由民間反應，電力公司決定加裝防護措施。

一九八一年由官方認可地區性民間核安組織，到二〇〇六年核能安全與透明化法案通過，保障民間制衡的力量，前前後後一共走了二十五年。德拉隆德說，民間組織、核電廠營運商、外部獨立專家、核安監督機關四大支柱出現後，才真正實現民主。

地區核安會全國聯盟主席德拉隆德認為，人民有知的權利，經過數十年的努力，2006年通過核能安全與透明化法院，保障民間制衡的力量，才真正實現民主。

能源轉型
法國公共電動車正夯

二〇一三年十一月初，法國連兩周放連假，周五晚上，大巴黎車水馬龍，由新凱旋門的拉德芳斯區開車前往凱旋門，十分鐘車程卻足足回堵個把鐘頭。定睛一看，路上有幾部銀灰色車身、車尾寫著「Autolib」的小汽車，穿梭車陣。

「Autolib 是電動車，以電力代替石化燃料。在巴黎試行後，節能減碳的效益，獲廣大回響，引起其他城市跟進。」原子能及再生能源署（CEA）署長畢科說。法國推動電動車，還結合都會區減碳與交通改善的目標。三年前，巴黎市政府和廠商博洛雷合作，提供電動車租賃，民眾上網申請，就能在街角充電站隨意挑部車，就像台北的 Ubike。

兩千輛 Autolib，八萬人註冊

截至二〇一三年六月，共計八萬多名註冊會員，近兩千部 Autolib 在街上奔馳，平均每天一部車被使用四次，成效遠遠超出官方預期。

這波公路革命，正是法國能源轉型的縮影。「Autolib 是一個改變的概念。全家人出遊，一部大車合理，但一個人出門上班，開一部車就不合理。」曾任能源過渡國家辯論辦公室工作小組成員的馬里涅亞克說。

法國推動能源轉型，首都巴黎的街角，隨處可見出租電動車Autolib，就像台北的Ubike。

交通工具以電力取代石化燃料，可大幅減少法國對進口石化燃料的倚賴。環境能源部（ＭＥＤＤＥ）統計，過去三十年，工業與住商部門逐步降低石油需求量的同時，運輸部門仰賴進口石油的比率，從一九七三年的二十％，二〇一一年已攀升至七十％。畢科說，法國每年光是進口石化燃料，就要花上七百億歐元。

提高綠能占比，不刻意減核

「政府並沒有要減核，而是要提高再生能源的比例。」畢科解釋，為了降低進口石化燃料的財務負擔，擬擴大國內自產電力的使用，電動車就是方法之一。法國二〇一二年電力僅占整體能源消費的四分之一，預計二〇二五年提高至三十五％至三十七％。

「核能發電總量不變，再生能源發電由十五％增至二十五％，核電的比例自然會下降。」畢科說。

去年底工業部公開聲明，除了二〇一六年法國最老舊的費森翰核電廠停止運轉外，將不再關閉其他核電廠。目前全法有五十八座運轉中的核能機組，均在一九七七年至一九九九年間啟用，諾曼第的弗拉芒維爾核電廠還有一座第三代ＥＰＲ機組興建中。二〇一一年核電共生產四二一一億度，占整體電力的七十八．四％。

一九四五年抗戰結束後，左右派領袖都同意發展核能，以尋回法國榮

為鼓吹節能減碳，法國販售的家電都有能源標章，連出售、出租公寓，也要標示住宅耗能指標。

行經房仲門市，落地窗上的每張傳單上都有紅橙黃綠等7級標示，成巴黎街頭最特殊的景觀。

法國鄉間不少已豎起一支支的大型風力機，但無風的午後，巨大的扇葉一動也不動，有法國民眾質疑，風力能夠取代核電嗎？

巴黎就像台北，上、下班時間車水馬龍，政府鼓勵民眾騎腳踏車，兼具節能減碳與健身的雙重效益。

Autolib以電力取代石化燃料，在巴黎試行後，卓見成效，引起其他城市跟進。

耀。「談起核能，就像談到法國人引以為傲的協和號飛機。」綠色和平核子事務專員胡塞雷形容。當總統歐蘭德提出減核，馬上牽動社會敏感神經，企業跳腳，一般民眾也質疑如何補足電力缺口。

核電雖然有風險，風電夠用嗎？

三十九歲的工程師西德瑞說：「福島核災後，證明核能有危險，但風力能產出那麼多電嗎？德國以燒煤取代核電，反造成更多汙染。」

經過二〇一三年長達八個月的全國公民辯論，因各方團體立場不一致，導致原定年底公布的能源轉型法案，延宕至今。畢科強調，發展再生能源未必是坦途；最重要的是，「讓民眾做出選擇前，好的、壞的都說明白。」

發展綠電……輸配電網是障礙

「反對風力發電的人，遠遠看到風力發電機，就向法院提告，說怕影響生態。當我們證明風機對蝙蝠沒有影響，他們就會再提出另一種動物。」凱塞斯堡市市長史多爾有些洩氣地說。

凱塞斯堡是法國少數追求能源自主的小鎮，二〇〇二年向中央提出申設風機許可，一度取得興建許可證，卻在屢次的反對抗爭中，跨不出第一步。

風力發電，遭遇反對抗爭

二〇一〇年，歐盟要求所有會員國全力發展再生能源，目標是二〇二〇年再生能源的發電占比達到二十%。前總統沙克奇任內，加碼以達到二十三%為目標，大力推動風力、太陽能和生質能。但卻面臨不小的反對聲浪。

生態衝擊只是反對派的說法之一。「憤怒之風」指控政府二〇〇八年與風力發電業者達成的收購電價，涉及政府補貼。電力瓦斯供應廠商也以產能過剩為由，要求終止綠色能源的政策性補貼。

曾任能源過渡國家辯論辦公室工作小組成員的馬里涅亞克，以「法國

前總統沙克奇，大力推動風力、太陽能和生質能，但卻面臨不小的反對聲浪。

法國過去30年全力發展核電，核電廠外就是好幾座巨型的高壓電塔，在全國串起集中式的輸配電網，不利發展發生能源。

的能源政策形同核能的囚徒」為喻，由於過去三十年，法國高度仰賴核電，隨之成形的集中式輸配電網，也為發展再生能源構成一定阻礙。

集中式輸配電網，成為綠電阻力

核能安全署（ASN）副署長拉修姆也示警，法國的能源問題，不再於多一點或少一點的核電，而是法國的反應爐多屬同一型，若其中一個有問題，引起骨牌效應，政府難以補足電力缺口。

「當初發展核能，是為了減低對進口石油的依賴；但目前仍有依賴性，只是由石油轉成核能。」馬里涅亞克說。

全球瘋綠電，老牌核能大國也無法自外其中，但高達四分之三的電力來自核電的法國，前景挑戰重重。

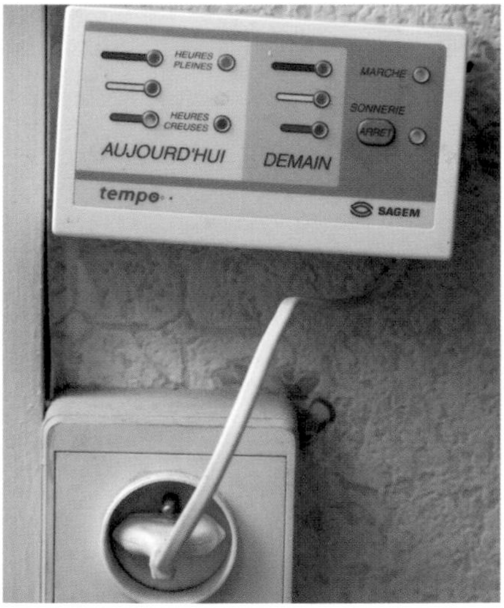

凱塞斯堡市是法國少數追求能源自主的小鎮。市長史多爾是環保份子，擔任市長近20年來，從自身做起，調整房屋方位，以利屋頂上的太陽光電面板吸收熱能，加強牆壁的絕緣性，杜絕冷風灌入屋內。當地社區體育館，靠著天然絕緣建材，人在館內，完全感受不出外頭僅是攝氏10度左右的低溫。

核安誰保證？

環團說

在抗震補強未完成前，現有核電廠應停機檢修

台電說

在 2017 年 7 月前提高核電廠 1.67 倍的耐震能力

地質專家說

北部核一、核二廠附近有山腳斷層，南部的核三廠有恆春斷層

經濟部說

當核四安檢完成，核四就是安全的

四座核電廠，深受斷層、海嘯威脅

台大地質科學系教授陳文山指出，台灣被列為世界地震災害地圖上的「最危險區域」，政府應慎重思考在台灣蓋核電廠是否安全。日本福島事故國會調查委員田中三彥說，台灣應效法日本，把所有核電廠停機檢修。

三年前的福島核災讓世人見識到地震與海嘯對核電廠的強大破壞能力，政府緊急要求台電提出核電廠耐震改善計畫，要將抗震基礎提高一．六七倍。

耐震改善，二〇一七年完成

但這些改善工程最遲要到二〇一七才能完成，反核團體批評，這段期間若發生大地震，誰能保證核電廠能過關？

台灣四座核電廠都受到活動斷層或海嘯的威脅，北部核一、核二兩座電廠附近有山腳斷層，南部的核三廠有恆春斷層。陳文山說，政府把核電廠蓋在地震活動頻繁的區域內，更應謹慎評估核電廠的安全性。

台灣附近，地震頻傳

陳文山指出，台灣在世界地震災害地圖上被列為最危險的區域，因為

核電廠防震係數

廠別	基盤防震設計值	強震自動急停	廠房一樓耐震值
核一廠	0.30g	0.10g	0.51g(499gal)
核二廠	0.40g	0.15g	0.53g(519gal)
核三廠	0.40g	0.15g	0.51g(499gal)
核四廠	0.40g	0.15g	0.66g(647gal)

台灣附近七級以上的地震頻傳，人口密度又高，過去在台灣發生的地震或海嘯，都造成重大災情。

陳文山舉例，核一、核二廠附近，在一八六七年曾發生高達十三公尺的基隆海嘯；核三廠附近的台南與高雄，在一七二一年也曾出現海嘯。

除了海嘯外，活動斷層亦威脅台灣核電廠。陳文山指出，核二廠與核三廠分別位處在山腳斷層與恆春斷層的孕震帶上，一旦斷層引發地震，孕震帶上受到的衝擊最大。

台電副總經理李鴻洲指出，台電已重新評估核電廠耐震度，依現有設計基準提高一點六七倍的強化耐震能力，最遲在二〇一七年七月完成補強。

台電送交給原能會的評估報告，若依據新的抗震基準，核一、二、三廠都有部分關係安全停機的管路或機電設備會受到強震影響。

綠盟促停機檢修

綠色公民行動聯盟副秘書長洪申翰指出，先不管台電自己做的耐震評估報告的可信度，連官方都承認在抗震補強未完成前，與核安關係密切的安全停機設備可能受損，但政府不願意讓現有核電廠停機檢修，「豈不是在賭命？」

台灣核安的另一個危機，是對地震、斷層的研究投入太少。像是穿越北部的山腳斷層，台電委託中興工程顧問公司探勘，初步研判該斷層至少向

斷層、地震威脅核電廠

核災逃生圈

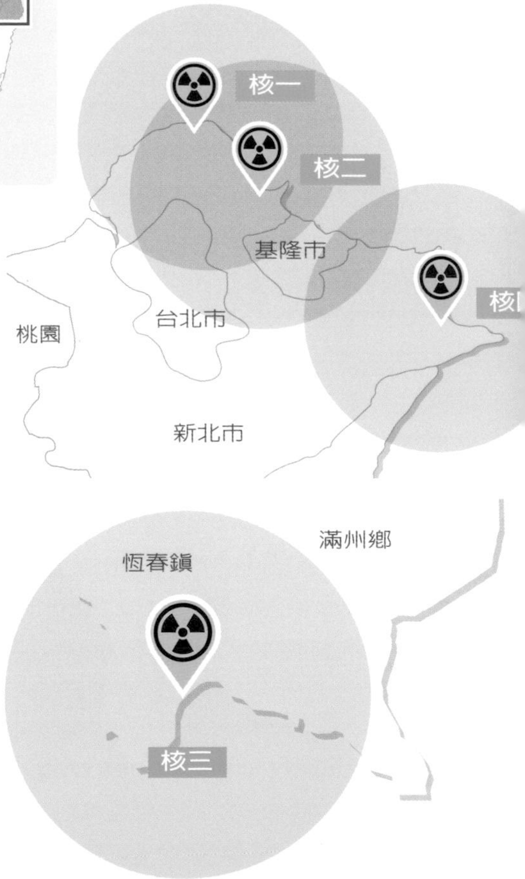

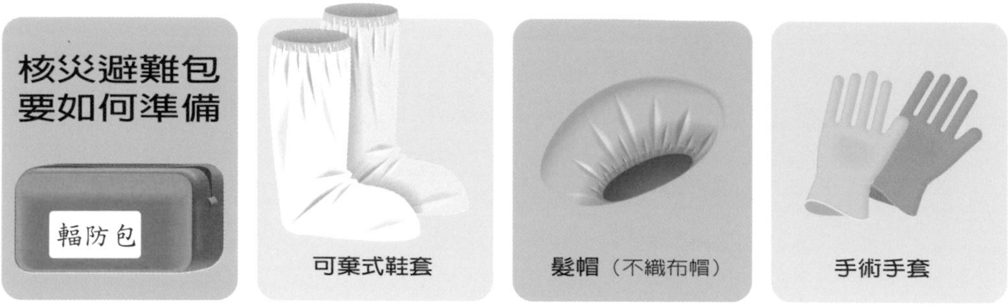

福島核災經驗顯示核災時的輻射塵飄散方向多元，圖中台電人員使用移動式輻射偵測器，有助提高核災時的偵測效率。

資料來源台電、原能會　製表王茂臻　繪圖聯合報美術中心俞雲襄、廖珮涵、蘇韋豪、江岳穎、楊國長　■聯合報

北部外海延伸四十公里，但學界普遍認為長度遠不如此。

中央大學應用地質研究所教授李錫堤批評台電調查斷層缺乏嚴謹的方法，沒有把斷層錯動的活動線找出來，怎麼能對斷層做出正確的評估？

環團質疑台電數據

更讓環團不滿的是，政府管轄的中央地質調查所，只負責「陸地」上的斷層研究，像是山腳斷層從陸地延伸至海中，在海底下的部分，就只能依據台電提出的數據，可信度令人質疑。

原能會主委蔡春鴻反駁環團的說法，指台電提出斷層、地震對核電廠的影響報告後，原能會另會找專家審查台電報告的正確性；是否由政府親自參與調查斷層對核電廠的威脅，並不會影響原能會把關的態度。

我國首都圈鄰近核電廠

台灣

核一石門區距台北市
28公里

核二萬里區距台北市
22公里

核四貢寮區距台北市
41公里

各國首都鄰近核電廠

瑞士

Muehleberg核電廠
距首都伯恩**13**公里

瑞典

Barsebäck核電廠
距丹麥首都
哥本哈根**22**公里

法國

Cattenom距盧森堡首都
盧森堡市**22**公里

亞美尼亞

Armenia核電廠
距首都葉里溫**29**公里

斯洛維尼亞

Krško核電廠
距克羅埃西亞首都
薩格勒布**31**公里

安檢完畢，核四就安全了？

經濟部長張家祝與原能會主委蔡春鴻指出，核四安全檢測計畫完成後，並通過原能會認可，就代表核四是安全的。但環團批評安檢過程黑箱不透明。

核四興建延宕十多年，二〇一三年四月經濟部籌組核四強化安全檢測小組，重新檢視核四一號機一百二十六個子系統安全性，目前已經完成一〇三個系統的再檢視，安檢進度為八十一．七%。

張家祝說，他對核四安全有信心，核四安檢工作不同於健康檢查，「並非只有健康或不健康的二分法」，安檢過程中若發現問題，就要改善到好為止；換言之，當核四安檢完成，「核四就是安全的」。

安檢結束等於核四安全？

「核四安檢結束等於核四安全」的官方立場，反核團體表達強烈抗議，指核四公投與核四安檢都是政府的煙幕彈，目的只是為了掩護核四能裝填燃料，以切香腸的方式推動核四商轉。

綠色公民行動聯盟秘書長崔愫欣說，核四安檢的真相是「假安檢、真續建」；原本立院要求核四在公投前實質停工，但台電與經濟部卻希望在二〇一四年完成核四安檢後立即申請裝填燃料，安檢顯然是一場騙局。

核電廠是我國輻射管制重點區域，工作人員進出電廠都必須配戴輻射劑量偵測器。

福島核災後，各國加強核電廠管制人員訓練，核四廠雖尚未商轉，但台電成立模擬操控中心讓員工熟悉操作。

環團指出，政府原先要以核四安檢報告，作為讓民眾公投決定核四是否安全的參考，但現在卻因為選舉考量，先把核四公投時間不斷延後，再把公投與安檢脫鉤處理。

核四封存，等待未來公投

二〇一四年四月，在民進黨前主席林義雄禁食反核四的壓力下，政府宣布封存核四，核四廠一號機在完成安檢後封存，二號機則是停工後封存。封存核四等待公投決定核四命運，這為台灣供電穩定與台電生存保留一線生機。

綠盟：核四安全運轉，過度樂觀

綠色公民行動聯盟理事長賴偉傑指出，核四內部的安全問題複雜難解，外部環境又面臨斷層、海嘯與海底火山等多重威脅，「公投與安檢，不會讓核四變安全」。

賴偉傑指出，核四從設計、施工、監督、整合到現在的測試階段，長期累積下來的各種問題，已非政府與台電能解決，加上核四基地面臨各種天然災害威脅，如果政府以為用安檢找出問題並解決問題，就可以讓核四安全商轉，是過度樂觀。

政府面對拖延十多年的核四爭議，二〇一三年拋出以公投、重新安檢解等方式決核四僵局，賴偉傑說這是政府要塑造「核四還有救」的假象，以此基礎再度讓核四追加預算，核四最終預算可能超過三千三百億。

賴偉傑批評，政府在「核四還有救」的錯誤立場上，不但為核四錢坑追加預算找到理由，也據此推動核四裝填燃料，進一步邁向商轉，讓安檢結果成為台電追加核四預算與推動核四裝填燃料的合理化藉口。

賴偉傑指出，核四安全性問題是多面向、複雜的，政府對核電廠蓋在斷層帶附近、核災應變等，從未積極、正面應對。

賴偉傑說，核四先天不良、後天失調，一座不安全的核電廠，不會因為安檢結束或核四公投而變成安全，政府把核四前途丟給民眾決定，是輕率

近10年核電廠跳機次數

年	次數	年	次數
93	1	98	1
94	3	99	0
95	2	100	0
96	2	101	2
97	2	102	4

卸責。

經濟部表示核四安檢結束即代表核四安全，賴偉傑表示，核四安全不能由經濟部片面認定，「現在演變成經濟部說了算，失去了政府原本應扮演的監督功能。」

賴偉傑說，政府以安檢、斷然處置、核四公投等議題爭取民眾支持核四，但核四安檢過程中卻出現許多工程未完工就測試，或是已經在核四廠區風吹日曬雨淋十多年的設備，沒有經過二次安檢，「這樣的安檢品質，怎麼能保證核四的安全？」

福島核災讓台灣反核聲浪攀升至史上最高峰。

核四核安應變示意圖

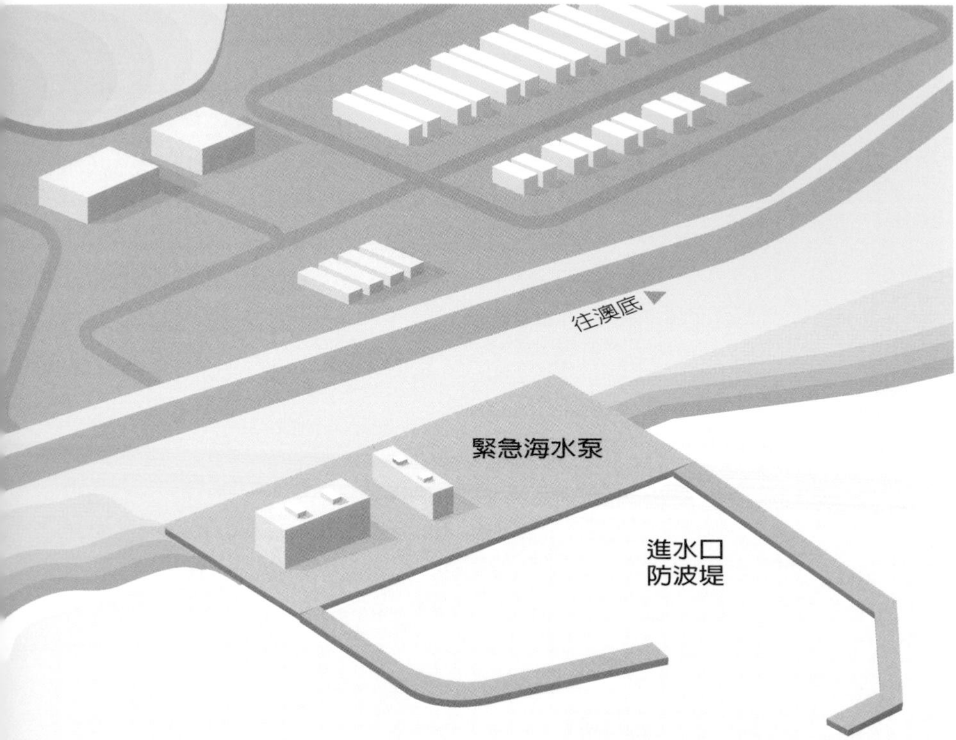

廠防護設施

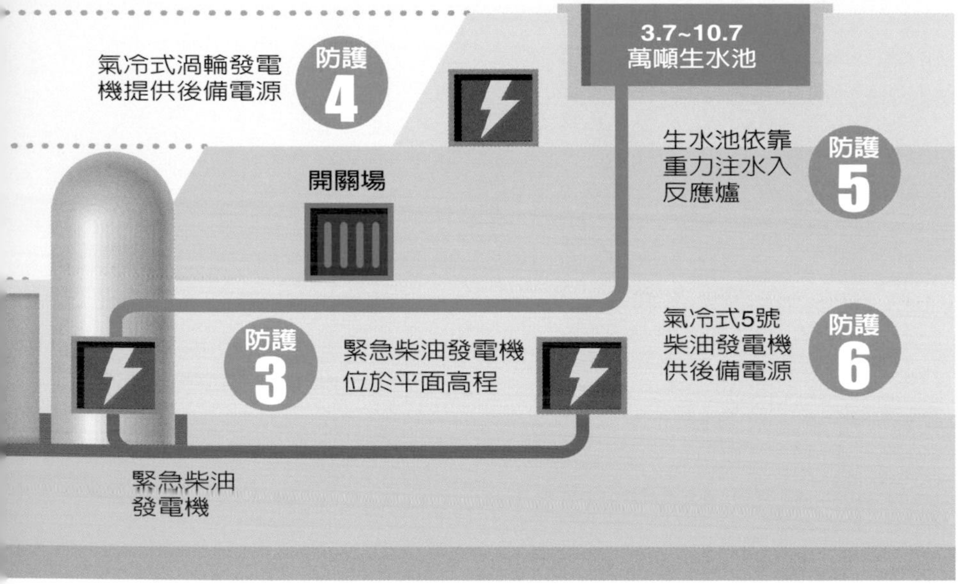

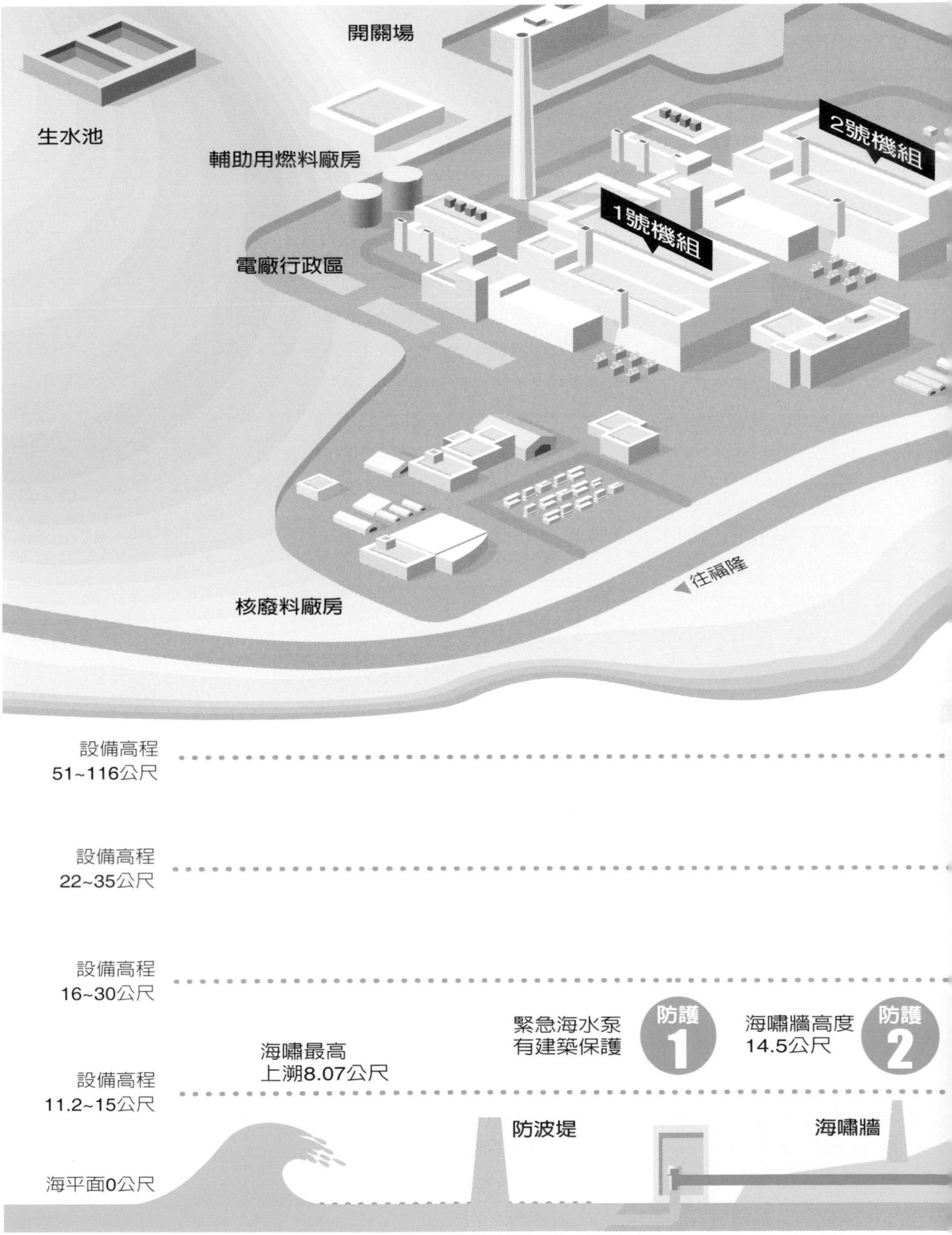
開關場
生水池
輔助用燃料廠房
2號機組
1號機組
電廠行政區
往福隆
核廢料廠房
設備高程
51~116公尺
設備高程
22~35公尺
設備高程
16~30公尺
緊急海水泵
有建築保護
防護
1
海嘯牆高度
14.5公尺
防護
2
海嘯最高
上溯8.07公尺
設備高程
11.2~15公尺
防波堤
海嘯牆
海平面0公尺

核廢料怎麼辦？

台電說

短期要解決最終處置場的選址難題，長期是催生國家級放射性廢棄物處理的專責機構

經濟部說

先後公告台東縣達仁鄉、屏東縣牡丹鄉、澎湖縣望安鄉、金門縣烏坵鄉等地，做為核廢料最終處置場候選場址，唯今選址仍未完成

民進黨立委鄭麗君說

核廢料的問題很大，還要新增核電廠和現有核電廠延役，這是非常不理性的政府

核廢最終去處，選址才剛開始……

台灣東海岸有綺麗的風光，也有世界名物。台東南田石就是其之中一，表面黝黑，亮白石英佐色，美不勝收。排灣族世居於此，是個恬淡的倚海部落。

不過，台電有意在此蓋低放射性廢棄物最終處置場，接收包括核四廠啟動運轉後產生、全台約一百萬桶的核廢料。此處與蘭嶼遙遙相望，比起另一處建議候選場址金門烏坵，航程近多了，有助及早解決蘭嶼人口中的十萬桶「惡靈」。

台東人，更擔心核三廠

台東人意見不一，有人不擔心最終處置場，反而覺得一山之隔的核三廠更危險；也有在地反核團體批評，一旦最終處置場落腳於此，恐怕招致滅族的命運。立場錯綜複雜、喜憂參半，這是在地方蓋鄰避設施的常見現象；因為即使是低放射性廢棄物，也要貯放三百年，輻射量才會衰退到對人體無害的環境背景值，更增添民眾的疑慮。

「社會接受度很重要，選址工作是最終處置場能不能順利上路的關鍵。」瑞典核廢料管理專責機構ＳＫＢ資深顧問佛斯壯（Hans Forsstron）二〇一三年底應邀來台演講時說。

台電高層不諱言，蘭嶼貯存設施舊，防護輻射外洩機能不如核電廠內的倉庫，因此透過環境取樣分析，監控蘭嶼環境放射性含量變化。圖為台電員工在蘭嶼貯存場外取樣。

瑞典二〇〇九年選定福斯馬克（Forsmark）核電廠附近，作為高放射性廢棄物最終處置場址，預定二〇二五年啟用。

核廢處置，非僅技術問題

核廢料處置，從來都不只是技術問題，還牽涉社會、環境與世代正義；若要根本解決核廢料難題，紮實的社會溝通、官民互信，重要性不下於技術研究。

台灣解嚴前，蘭嶼、新北市、屏東恆春，都被迫接受核能發電的產物；有的是接收發電之下產生的垃圾，有的是承擔保證運轉四十年的核電廠及廠內堆放輻射劑量更高的核廢料。

「蘭嶼島上只有四千八百人，卻有超過十萬桶核廢料。」達悟族人希婻・瑪飛洑說。二〇一二年總統和立委大選，希婻・瑪飛洑代表綠黨出任不分區立委候選人，唯一的訴求就是「反核護蘭嶼」。

解嚴後，國家走上民主化的道路，核廢料的處置卻仍欠缺公民審議的機制。最早是國家根本不重視，交由台電公司核能後端營運處傷腦筋，編制人數少得可憐。

原能會前副主委謝得志坦承，大家一開始都把核廢料處理想得太簡單。即使啟動了國內低放最終處置場選址作業，過程中爭議頻生，包括台電買廣告宣傳核廢料無害、以出國視察的名義招待地方民代、未經告知下高放射性

蘭嶼貯存場自1982年開始接收核廢料，經過一次檢整後，至今共存放100,277桶核廢料，共39個貯存壕溝。

廢棄物潛在場址地質鑽探等。

二〇〇六年，選址條例通過

即使二〇〇六年選址條例通過，經朝野協商後納入地方公投的程序，過去幾年又傳出台電有意將同意式公投，改為反對式公投，一旦地方連署反對不成，就視為同意在當地興建最終處置場，引起社會譁然。

最近，台電在核一廠內興建乾式貯存，以解決一號機用過核子燃料冷卻池空間不足的問題，就遭在地鄉親質疑新北市將淪為最終處置場，要求台電重新召開公聽會，結果台電在公聽會前兩天才發函通知。

「鄰避效應是可以避免。公民只是不想看到政府雙手一攤，說沒其他地方了，只好放在這裡。」政大公共行政系教授杜文玲說，政府應承認自

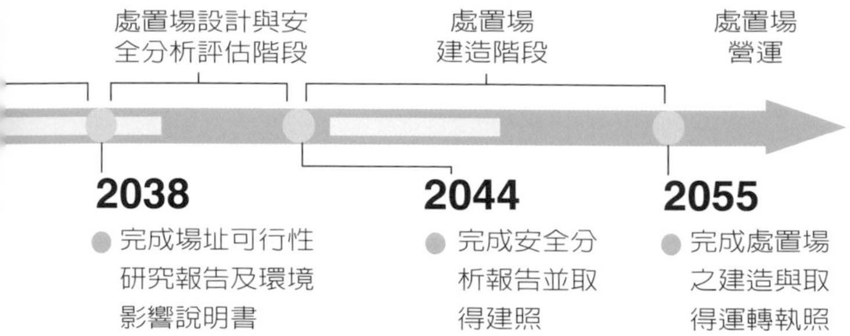

己有所不足，不然掛保證，又做不到，反而加深了民眾的不信任感。

以法國的經驗為例。經歷一九八〇年代的反核運動高潮，不但國會展開辯論，法國人民花了半年時間，公開辯論境內核廢料的處置方針，最終立法確立核子燃料的處置原則與地點。

經濟部成立專案辦公室

二〇一三年底，經濟部成立「核廢料處理專案辦公室」，借調台電副總經理李肖宗接任辦公室主任。

「我們有兩大任務，短期先解決最終處置場的選址難題，長期是催生國家級放射性廢棄物處理的專責機構。」李肖宗說。

另外，核一廠一號機預計在二〇一八年停機，接著八年核一廠二號機、核二廠、核三廠共六部機組，都將逐步除役。屆時產生大量遭輻射汙染的設備管線、運轉儀器、發電廠工人們的衣帽、手套等，都需要有一處做安全掩埋，低放射性廢棄物最終處置場的選址工作，因此排上經濟部的重點工作項目之一。

「首先是改變由核能工程師主掌溝通的局面。」李肖宗面對記者質疑過去數十年來社會溝通力有未逮，如何有把握未來可改變現況說，「過去是靠著說明、宣導、回饋金，以後會掌握雙向溝通的暢通無虞。」

二〇一四年五月，專案辦公室委託智庫台灣經濟研究院辦理「國家放

我國用過核子燃料最終處置規畫

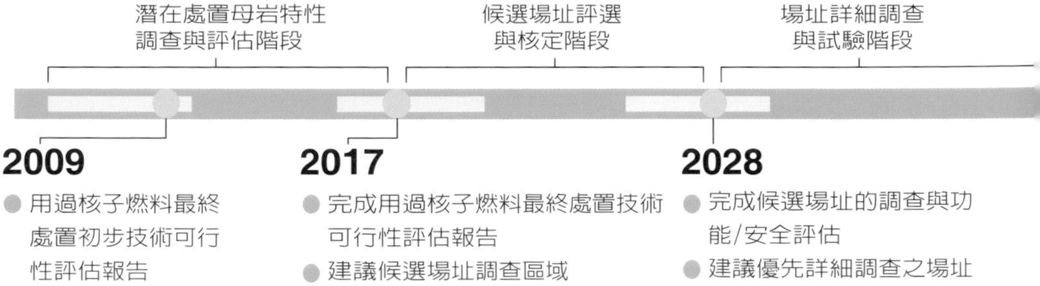

射性廢料營運中心」組織設置條例的研討會。一共辦理六場，除台北市外，也前往有核設施的縣市辦理，如台東、屏東，讓在地居民參與決策過程。

李肖宗評估，組織設置條例最快七、八月間將草案送到行政院，二〇一五年底在立院完成三讀，最快二〇一六年成軍上路。根據初步規劃，國家放射性廢料營運中心與台電公司核能後端營運處將同時並存，工作內容以廠界做劃分，廠內工作如拆廠、核廢料暫時貯存、核廢料減容等，仍由台電公司負責；國家放射性廢料營運中心則負責營運蘭嶼貯存場及最終處置場，並負有擘劃國家核廢料政策的責任。

下一步，看組織立法決心

籌設辦公室出來了，接下來就考驗行政機關與國會通過組織立法的決心。旅美核廢專家卓鴻年指出，台灣最大的問題，在於政府是否已有意願和決心，找出場址來解決問題，「據我觀察，大部分的政治人物都不想談這件事，一般民眾也只想著等問題自己解決，例如等著其他國家接管。」

蘭嶼核廢料爭議

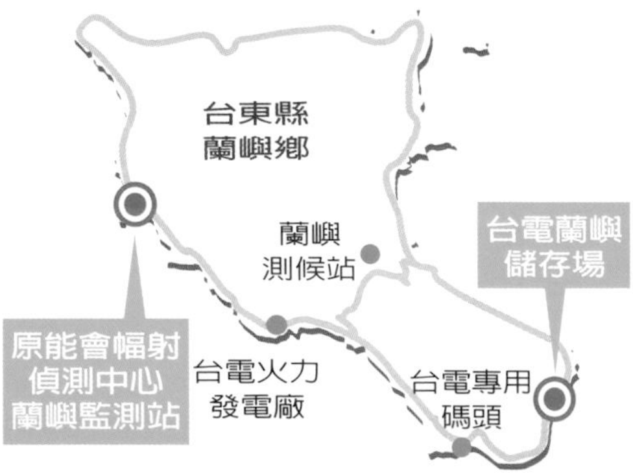

1975 行政院核准於蘭嶼龍門地區設置國家低放射性廢棄物貯存設施，將本島上三座核電廠及醫療、學術與工業用產生的核廢料臨時貯藏在蘭嶼，以方便日後海拋。起初由原能會放射性物料管理局負責營運。

1982 蘭嶼貯存場啓用，第一批1萬多桶的核廢料進入蘭嶼。

1988 9月，行政院發布放射性廢料管理方針，要求台電於1996年以前完成低放最終處置場址作業。

2月，達悟人發動史上首波反核示威運動：「220驅逐蘭嶼惡靈」。

1989 2月，達悟人發動第2次驅逐惡靈行動。

1990 2月，達悟人發動第3次驅逐惡靈行動。

台電接收蘭嶼貯存場的經營。同年，台電成立核能後端營運處，專責理核廢料。

1993 台電成立選址小組。

1995 蘭嶼發起一人一石行動，象徵式阻止核廢料運送船隻靠岸。

1996 8月，台電公布「低放射性廢料最終處置場徵選作業要點」，撥款30億元回饋金，吸引9個自願參加候選場址。預計1999年10月開始購地、施工，2002年8月底完工、啓用，並遷出蘭嶼貯存場的核廢料桶。

12月，台電選出5處合格候選場址：連江縣莒光鄉、台東縣達仁鄉、台東縣金峰鄉、屏東縣牡丹鄉、花蓮縣富里鄉。但全在消息見光後，遭遇民間抗爭，各鄉自行提初退件。當時，金門縣烏坵鄉小丘嶼因土地面積僅0.4平方公里，小於法定1平方公里的標準，因此未入選。

聯合國通過「倫敦公約1996年議定書」，明訂有害物質不得進行海拋。自此，上萬桶低放射性廢棄物「暫貯」蘭嶼。

（續上頁）

[illegible]
遭遇民間抗爭，各鄉自行提初退件。當時，金門縣烏坵鄉小丘嶼因土地面積僅0.4平方公里，小於法定1平方公里的標準，因此未入選。

1995

蘭嶼發起一人一石行動，象徵式阻止核廢料運送船隻靠岸。

1996

聯合國通過「倫敦公約1996年議定書」，明訂有害物質不得進行海拋。自此，上萬桶低放射性廢棄物「暫貯」蘭嶼。

1998

2月，台電評選金門縣烏坵鄉為國內低放最終處置場的優先調查場址，另5處候補場址為小蘭嶼、台東達仁鄉南田村、澎湖望安鄉東吉嶼、基隆彭佳嶼、屏東牡丹鄉旭海村。
旅台的烏坵鄉親得知消息，集體搭乘軍艦返鄉拉白布條抗議。

4月，達悟人堅拒台電運送核廢料的運輸船「電光一號」入港，創下蘭嶼貯存場啓用14年來首度退運紀錄。

2002

10月，北海岸三芝、金山、石門、萬里4鄉發動千人抗爭，憂心低放射性廢棄物無處可去，抗議台電在核二廠興建廢料倉庫未和鄉民溝通。
12月，台電遷廠承諾跳票，蘭嶼發動7天全島罷工罷課的大規模抗爭。時任經濟部長林義夫登島道歉、並簽署議定書，承諾成立蘭嶼核廢料遷廠推動委員會。

8月，台電預計在金門烏坵設置最終處置場，因太接近中國大陸，挑起兩岸敏感神經，中國大陸也透過媒體表達反對，經濟部要求台電暫緩這項計畫。

2006

5月，總統陳水扁任內頒布施行「低放射性廢棄物最終處置設施場址設置條例」，明定最終處置必須辦理地方性公民投票，主辦機關為經濟部。預計100年完成選址作業，105年核廢料遷出蘭嶼。

2008

澎湖縣政府將東吉嶼列為玄武岩自然保留區。依文資法規定，不得進行人為開發。

8月，經濟部公告台東縣達仁鄉、屏東縣牡丹鄉、澎湖縣望安鄉的東吉嶼三處，作為低放射性廢氣的最終處置潛在場址。

2009

3月，經濟部公告台東縣達仁鄉、澎湖縣望安鄉兩處為建議候選場址。但在時任閣揆劉兆玄訪澎後，暫停一切公投推動計畫。

2012

2月，蘭嶼發起第4次驅逐惡靈行動。部落長老穿上達悟族傳統服飾，上凱道抗議。
7月，經濟部第二度公告兩處建議候選場址：台東縣達仁鄉、金門縣烏坵鄉。

2013

4月，蘭嶼、北海岸、台東縣反核廢代表和行政院長江宜樺會面，蘭嶼要求恢復蘭嶼遷廠推動委員會，並承諾蘭嶼核廢料遷場和最終處置選址脫鉤，並立即遷出。

資料來源蘭嶼部落文化基金會、台電、媒體報導

核廢料，永埋我們的島

從小在台北長大，首善之都聚集各式各樣的工商服務業，四通八達的捷運線，讓台北人享盡生活便利。但這些工商部門與基礎建設，大量仰賴電力，台北人享受了電力的方便，卻總是較少承擔使用能源後的代價，例如火力電廠的空氣汙染問題、核能電廠的核廢料貯存與最終處置的風險等等。

場景拉到蘭嶼核廢料貯存場，台電員工宿舍緊鄰在低放射性廢棄物的貯存壕溝，天天與核廢料為鄰。台電人現身說法，似乎要證實輻射監控一切正常，駁斥外界對安全的質疑。

不過，蘭嶼達悟族人的抗爭，從夏曼・藍波安到希婻・瑪飛洑，甚至更年輕的一代，訴求很清楚，當年興建過程程序不正義，不能說垃圾偷偷放久了，成為垃圾場就是理所當然。

除了蘭嶼以外，新北市核一廠、核二廠，屏東縣核三廠內，都有低放射性核廢料，以及放射性更強的用過燃料棒。

最終處置場，仍然找嘸

據原能會統計，截至二〇一三年，我國三座核電廠廠內共累計十萬四千零一十三桶低階核廢料，再加上桃園核能研究所接收民間醫、農、工及研究單位產生的放射性廢棄物一萬兩百一十一桶，蘭嶼貯存場十萬兩百七十七桶

在蘭嶼低放射性廢棄物貯存場中，有86380桶核廢料來自核電廠，其餘11292桶核廢料來自全國醫學、農業、工業、學術研究等各領域。即便台灣沒有核電廠，仍須面對核廢處理的問題。

的話，台灣已累積逾二十萬桶。另外，原能會物管局每年公布低放射性廢棄物固化桶統計，去年核一廠、核二廠、核三廠各新增八十、六十六、二十五桶，合計一年約增加兩百桶五十五加侖裝固化核廢料。

用過的核子燃料屬於高放射性廢棄物，核電廠每運轉十八個月，會從反應爐退出三分之一用過的燃料棒，由於剛取出時放射性極高，須放在冷卻池待其相對安定後，再改採乾貯或放到最終處置場，目前我國三座電廠已累積一萬六千七百三十六束用過的燃料棒。

核一廠，眼看就要貯滿

其中，核一、核二廠的冷卻池容量均小於機組四十年運轉產生的用過核子燃料，而必須在廠內蓋乾式貯存設施。不過，新北市擔心最終處置場難產，怕乾式貯存直接變成最終處置，至今新北市仍卡住核一廠的乾式貯存計畫，無法興建。

威權時代的電廠建設，人民只能被迫接受，但隨著電廠營運四十年，台灣也過渡到民主政治階段，各地區民眾都不願和核廢料當鄰居，讓最終處置場的地點與期程一延再延，蘭嶼核廢料遷址的支票也一再跳票。最終處置方案懸而未決，將棘手的問題一代拖過一代，衍生世代不正義的批評。

如今，核四要不要運轉，若是採取公投的方式決定，意味著公民掌握了發球權，挺核的人除了思考電價低廉、供電穩定、經濟發展，也不得不去思考，伴隨著電廠四十年運轉所產生的核廢料問題。

如果不願意核廢放在你家旁邊，憑什麼要偏鄉或原住民部落來承擔潛在的輻射外洩風險？或是，捫心自問，你願意以多大的精神與力氣，與最終處置場的所在地民眾同一陣線，以公民身分共同監督國家落實輻射防護工作？

常有人說，核廢料是政治問題，不是技術問題，語氣中不無抹黑批評人士不理智、不專業的味道。但正確來說，核廢料從來都不只是技術問題，而是牢牢繫住社會、環境與世代正義層面的問題。

專家：取決於社會溝通

若要解決核廢料難題，扎實的社會溝通與官民互信，重要性不下於技術研究。事實上，去年底由智庫舉辦的核廢料國際研討會，芬蘭、瑞典的核廢料專家受邀來台，他們有志一同地說，最終處置場能不能順利上路，取決於社會溝通工作是否落實。

不論核四去留與否，超過二十萬桶的核廢料是既存事實。核電廠若要進行除役，台電推估新增加的低階核廢料，數量與核電廠四十年來所產生的廢棄物總量相當。

不論是政府、地方民代、一般民眾，不論立場是擁核或反核，在思考核能發電的問題時，核廢料的處置與儲存，都該是核心問題。

希嫡・瑪飛洑是單親媽媽，曾代表綠黨出任不分區立委候選人，唯一的訴求就是「反核護蘭嶼」。

蘭嶼美麗島，接收核廢十四年

蘭嶼雖在一九九六年停止接收台灣的核廢料，但過去十四年來已接收近十萬桶的放射性廢棄物。知名作家夏曼・藍波安以「科技殖民」形容漢人在蘭嶼傾倒科技的垃圾，注入蘭嶼悲劇的開端。

核廢料，蘭嶼達悟人眼中的「惡靈」

一九八八年，達悟人發動第一次驅逐蘭嶼「惡靈」行動，行政院半年後頒布放射性廢料管理方針。一九九五、一九九六兩年，達悟人企圖阻止核廢料運輸船隻入港靠岸，總算在一九九六年四月，擋下「電光一號」入港，創下蘭嶼貯存場啟用以來首次退運的紀錄。

這也是當地命運的第一個轉折：台電允諾再也不送進核廢料，啟動核電廠內廢料倉庫擴充計畫，並催生「低放射性廢料最終處置場徵選作業要點」，國內第一波選址工程正式揭開序幕。當時，台電曾二度承諾，二〇〇二年啟用最終處置場，並遷出蘭嶼核廢料。

到了二〇〇二年底，最終處置場址難產，台電遷址承諾跳票，達悟人發動七天的罷工罷課抗爭；當時的經濟部長林義夫登上蘭嶼，表達歉意，承諾在行政院成立蘭嶼核廢料遷場推動委員會。

在委員會的運作下，二〇〇六年頒布「低放射性廢棄物最終處置場設施場址設置條例」，地方同意公投入法，二〇〇八年展開延宕許久的蘭嶼貯存場檢整作業。

地方首長不配合，選址工作延宕

選址條例頒布後，經濟部規劃的期程是，二〇一一年完成選址，再過五年遷出蘭嶼核廢料。但過去六年，經濟部先後公告台東縣達仁鄉、澎湖縣望安鄉、金門縣烏坵鄉等地，作為建議候選場址。不過，澎湖縣望安鄉劃為「澎湖南海玄武岩自然保留區」，被排除在建議候選場址後，剩下達仁鄉與烏坵鄉兩處，因前者無地方自治條例，後者地方首長不願配合辦理公投，選址工作延宕至今。

前年五月原能會同意台電最新規劃期程，二〇一六年行政院核定場址，二〇二一年正式啟用。

只是，對達悟族人而言，政府的遷廠承諾，恐怕就像是放羊的孩子，喊了好幾次「狼來了」，再也沒人相信。

全國放射性廢棄物貯存現況

核一廠　預計2018、2019年除役

興建年	一號貯存庫：1989年 二號貯存庫：2001年
啓用年	一號貯存庫：1998年 二號貯存庫：2007年
貯存設計容量	10萬3,904桶
現存容量	4萬4,695桶
用過燃料棒冷卻池設計容量	6,166束
冷卻池現存容量	5,838束
冷卻池貯滿期限	一號機：2014年11月 二號機：2017年4月

核二廠　預計2021、2023年除役

興建年	一號貯存庫：1980年 二號貯存庫：1988年 三號貯存庫：2001年
啓用年	一號貯存庫：1983年 二號貯存庫：1996年 三號貯存庫：2006年
貯存設計容量	9萬5,133桶
現存容量	5萬1,025桶
用過燃料棒冷卻池設計容量	8,796束
冷卻池現存容量	8,248束
冷卻池貯滿期限	一號機：2016年11月 二號機：2016年3月

核三廠　預計2024、2025年除役

興建年	2004年
啓用年	2011年
貯存設計容量	3萬桶
現存容量	8,293桶
用過燃料棒冷卻池設計容量	4,320束
冷卻池現存容量	2,585束
冷卻池貯滿期限	一號機：2025年 二號機：2026年

桃園核研所

啓用年	1995年
貯存設計容量	2萬4,887桶
現存容量	1萬211桶

● 僅接收來自醫療、工業和學術研究產生的放射性廢棄物

蘭嶼貯存場

興建年	1977年
啓用年	1982年
貯存設計容量	13萬3,700桶
現存容量	10萬277桶

● 1996年5月停止接收廢棄物桶

註低放射性廢棄物統計截至102年底；用過燃料棒統計至103年2月，資料來源原能會物管局

最終處置場選址僵持，烏坵遷村？

二〇一三年台電抛出中國大陸有意接收台灣的核廢料，讓境外處置再度成為解決國內核廢料的選項。值得留意的是，基於國際上禁止核子擴散條約，僅低放射性廢棄物可輸出國外，且以桶計費。台電專業總工程師兼發言人蔡富豐說，即使國家走向非核家園，工業、醫療、學術界產生的放射性廢棄物仍要有個去處，因此國家需要有最終處置場。

原能會去年要求台電針對高、低放最終處置場研擬替代方案，似乎也間接證實輸出核廢料不可行。按原能會規劃，當高、低放最終處置場分別在二〇二八年、二〇一六年未如期完成選址，就啟動中期集中式貯存設施，預計貯放一百年。

原能會物管局長邱賜聰指出，核一廠乾式貯存設施審照過程中，環保團體擔心四十年後用過核子燃料搬不走，新北市成為最終處置場；於是，原能會去年正式函請台電，將中期集中乾式貯存場址規劃，列入二〇一四年高放處置計畫修訂版，未來就能定期管考。

蔡富豐表示，境外處理是個可以努力的方向，特別是低放射性廢棄物，沒有核子擴張的顧慮。但用過核子燃料，頂多送去國外再處理，雖體積大幅減少，但剩下的核廢料，仍要運回國內掩埋。

熟悉內情的人士透露，台電和中國核工業談核廢料處理備忘錄，站在

經濟部與台電已有烏坵遷村構想？

商業立場上，是可行的；但事涉敏感的兩岸關係，且國際默契是核廢料不放在其他國家，若台灣決定將核廢料運到中國甘肅省做最終處置，恐怕等同承認對岸政權。

據了解，為解決選址作業僵持不下，經濟部與台電已有烏坵遷村的構想。根據台電委託金門大學進行烏坵鄉遠景規劃中，有一項就是協助烏坵鄉親移居台灣；預計在中部建立「烏坵新村」，成立旅台鄉親同鄉會，並補助民眾購屋費用。目前烏坵鄉設籍人口約六百人，當地常住人口三十人，且多為六十歲以上的長者。

至於用過核子燃料的最終處置，也隨年底核一廠一號機冷卻池空間不足，問題浮上檯面。台電公司為解決冷卻池設計容量少於核電廠運轉四十年產生的用過核子燃料，興建乾式貯

核能後端營運費用估算表

	費用（億元）	百分比（%）
低放處置	376	11.2
電廠除役	675	20
蘭嶼檢整及減容除役	11	0.3
高放乾式貯存	390	12
高放最終處置	1,382	41.2
廢棄物運輸	238	7
地方回饋	281	8.3
總費用	3,353	100

存場，作為最終處置前的暫時貯存。但面對新北市民的抗爭、新北市政府以各種理由卡住水保計畫，台電公司初步的折衷方案是，今年一號機歲修，僅退出部分用過核子燃料，同時加快腳步與法國談判，將用過核子燃料直接送去法國做再處理，以免一號機運轉一年後，乾式貯存計畫依然卡關，就要提前除役。

台電副總經理陳布燦表示，台電公司與法國一直都保持聯繫。法國目前已有幫德國、義大利、荷蘭、比利時、日本等國，進行用過核子燃料再處理的經驗。據悉，台、法雙方正在密切磋商階段，只要雙方談妥，簽訂商業合約，美國並不會從中作梗。

只是，我國核能後端營運基金係依境內掩埋的方式推估費用，其中用過核子燃料編列一三八二億元。台電公司官員私下透露，若未來要送去法國做再處理，運輸成本，加上法方對回饋金的要求，現在的費用絕對不夠。

核能後段營運基金自民國七十五年開始提撥，根據每年核能發電量提列，歷年基金分攤率介於〇．一四～〇．一八元間，自八十八年起每度為〇．一七元，主要是用於核能發電廠除役和核廢料處理。根據民國九十七年估算，三座電廠總經費需三千三百五十三億，截至今年三月底，累計基金二千三百六十一億元。該基金每五年會重新估算，台電公司去年底已正式發包，最快明年初送經濟部核定。

民進黨不分區立委鄭麗君。

立委：不處理核廢，就應邁向非核

民進黨去年底已提出電業法修正案，要求核能發電切割成獨立部門。民進黨不分區立委鄭麗君說，台電應該把全副心力投入除役和核廢料處理，「起碼要安全共處。」她重申應停建核四，避免核廢料漫無止盡，選址也須經地方同意，否則就是複製地方抗爭。

「核廢料的問題很大，在這種情況下，還要新增核電廠和現有核電廠延役，這是非常不理性的政府。」鄭麗君說，前兩年台電在蘭嶼的檢整疏失，引起軒然大波，也讓最終處置場建議候選場址所在地的民眾憂心忡忡。

「這種故事複製到我家，我當然反對。」鄭麗君說。

根據民進黨黨團提出電業法修正草案，新增第一一三條，台電須在修正案施行後一年內，將核電廠分割成立國營核能發電公司，並在二〇二五年前停止全部核能發電設備的運轉。

鄭麗君表示，政府已證明沒能力處理核廢料，應加快走向非核家園的腳步，把人力投入除役和核廢料處理，「起碼要安全共處。」

原能會前副主委謝得志。

謝得志：選址歸零，催生專責機構

原能會前副主委謝得志表示，核廢料不光是技術面，要同時解決社會爭議，才算是真正解決問題。謝得志肯定政府願意成立專責機構，但強調專責機構要先解決信任危機，「現在大家不相信台電、經濟部，若還由這群人關起門來討論，一點用都沒有。」

二〇一一年，日本發生福島核災，時任原能會副主委兼發言人的謝得志在第一線承受各界的批評聲浪，「我是核工背景，到原能會，被環保人士罵很久，才開始反省自己。」

過去三年來，謝與政大合作，試辦多場公民辯論，串接官、民間針對核能政策的理性對話。他的心得是，現在的社會是對抗的，彼此欠缺互信，謾罵凌駕溝通，「談（核廢料）選址還太早。」他主張制度歸零，重頭思考如何成立具可信度的專責機構，取代選址條例。

經濟部前年七月公告金門烏坵、台東達仁兩處建議候選場址後，因地方政府不願配合辦理公投，造成最終處置場址作業懸而未決。

「監察院、原能會糾正台電，台電行禮如儀，為了一個不可行的法，浪費心力，浪費老百姓的血汗錢，這是不對的。」謝得志說，民眾罵最凶的就是政府黑箱作業，因此，成立專責機構，就要找民眾參與討論，「當機制是大家討論出來的，有了合作意願，就是建立互信的第一步」。

Chapter 5

美英，減碳與核安

美國

王光慈

百座核爐，美堅持核電

二〇一三年三月，台灣的反核聲浪震天價響，廢核遊行人潮空前。六月，我接到美國在台協會（AIT）電話：「你願意去美國採訪核電廠嗎？」當反核聲浪在世界各地蔓延時，美國國務院為了讓其他國家了解美國核電廠現況，決定首開先例，邀請六國媒體實地採訪，台灣只有一個名額。聽到這難得的機會，我一口答應，而這十二天的採訪歷程，成為我記者生涯中最難忘的經驗。

到了實地參訪核電廠那一天，國務院特別先安排空檔，帶大夥去買鞋，是那種超重的鋼頭厚底高統靴，坐了快三小時的車，我終於到北安娜（North Anna）核電廠。

進入核電廠，安檢超嚴格

如果你認為美國機場海關很嚴格，歡迎到美國核電廠體驗，保證會覺得美國海關平易近人。即使是國務院邀請的採訪團，也得先在大門外的訪客中心登記並出示護照。波蘭籍的記者因忘記帶護照，即使國務院官員當場作保，仍不得其門而入，被迫在外等候。

背包、手機等物品不能帶，只能攜紙筆，搭乘電廠專車進入廠區，先到安檢中心受檢。鞋子、外套都要脫，連同紙筆，所有東西放進X光機受

美國喬治亞州伏鉤核電廠，廠內兩座冷卻塔十分壯觀。

檢；人要通過方型電子門、X光掃瞄機以及保全人員搜身三道關卡後，才能領回隨身物品，獲得通行證。

接著大夥被帶去小房間「換裝」，戴上配有耳機和對講機的工安帽、大型護目鏡，穿上貼閃光條的安全背心，腳踩沉重鋼靴，終於完成進入核電廠的標準裝備。

全程有手持M４卡賓槍的全副武裝保安全程戒護；若我們稍微脫離動線，或伸手欲觸摸廠房設備，保安會立刻喝斥制止。

與北安娜核電廠相較，我們參訪的另一座伏鉤（Vogtle）核電廠因為還在施工，安檢就親切多了；施工中的核電廠兩座高聳入天的冷卻塔，好像電影「魔界」裡的雙塔，非常壯觀。

二十一世紀開始，化石燃料價格上漲，全球暖化效應浮現，美國政府用行動宣示力挺核電業的決心。二〇〇二年能源部宣布「核能二〇一〇」計畫，鼓勵電力公司興建核電廠。二〇〇五年國會通過「能源政策」法案，授權能源部對新建核電廠給予貸款、保險和其他租稅減免優惠。

福島核災，美不動搖立場

日本三一一事件沒有動搖美國發展核電的立場，歐巴馬總統在二〇一二年提出國家能源戰略，定調要均衡發展包括核能在內的各種能源。

能源部也承諾會繼續與國會合作，確保美國持續使用核能，美國總統科技顧問團更提出建議，敦促政府要積極發展新一代核子反應器。

除了天災，美國核電廠也相當重視人禍，尤其九一一事件後，核電廠更被列入重大國家安全管制設施。運轉中的核電廠，安檢措施嚴格無比，美國核電廠聘請私人保全，每名保安人員都接受過嚴格軍事訓練，很多是退伍軍人，荷槍實彈在各個出入口戒備，嚴格的管制措施，就是怕核電廠遭到恐怖分子滲透。

不過，大部分美國民眾對核電廠並不了解，被問到美國境內有幾座核反應爐，多數答案是「大概十幾座吧！」事實上，目前全美有一百座核反應爐。美國反對核電的聲音始終不是多數，或許是因為有足夠的安全保證與溝通，讓居民不覺得威脅存在。

一分鐘看懂 美國能源現況

自有能源比重 85%

中長期發電比重規畫	均衡發展包括核能在內的各種能源
核電機組數量	100組
運作中的機組數量	100組
家庭用電每度價格	3.51元台幣
工業用電每度價格	1.98元台幣

資料來源／美國能源署（EIA）
製表／王光慈　聯合報

雖經歷世界核能史上第一次爐心熔毀的重大事故「三哩島事件」，美國仍堅持發展核電，並將核電發展列為國家戰略能源。但面對低價天然氣廠的競爭，去年已有五座核子反應爐被迫關閉，能源部為此承諾將與國會合作，確保美國核電業可繼續穩定成長。

安檢升級，美國環保、核能兼顧

一九七九年三月二十八日清晨四時的美國東岸，賓州薩斯奎哈納河畔的三哩島核電廠二號反應爐已悄悄停機；連串系統故障加上人為疏失，放射性物質開始外洩，二天後核電廠五英里內的民眾被強制疏散。

核事故，損失十億美元

「三哩島事件」未造成人員傷亡，但直接經濟損失達十億美元。美國核能管制委員會（NRC）大幅提高安全係數，讓本就高昂的核電廠造價更上翻數倍，二戰後蓬勃發展的美國核電業瞬間進入蕭條期。

但即使經歷全球第一個重大核安事故，歷屆美國政府仍然視核能為國家能源戰略的一部分；尤其廿一世紀初始，化石燃料價格不斷上漲，全球暖化效應浮現，美國政府更是用行動宣示力挺核電業的決心。

核優點，穩定價廉乾淨

二〇〇二年能源部宣布「核能二〇一〇」計畫，鼓勵興建核電廠。二〇〇五年國會通過「能源政策」法案，授權能源部對新建核電廠給予貸款、保險和租稅減免優惠。

歐巴馬總統在二〇一二年提出國家能源戰略，定調要均衡發展包括核

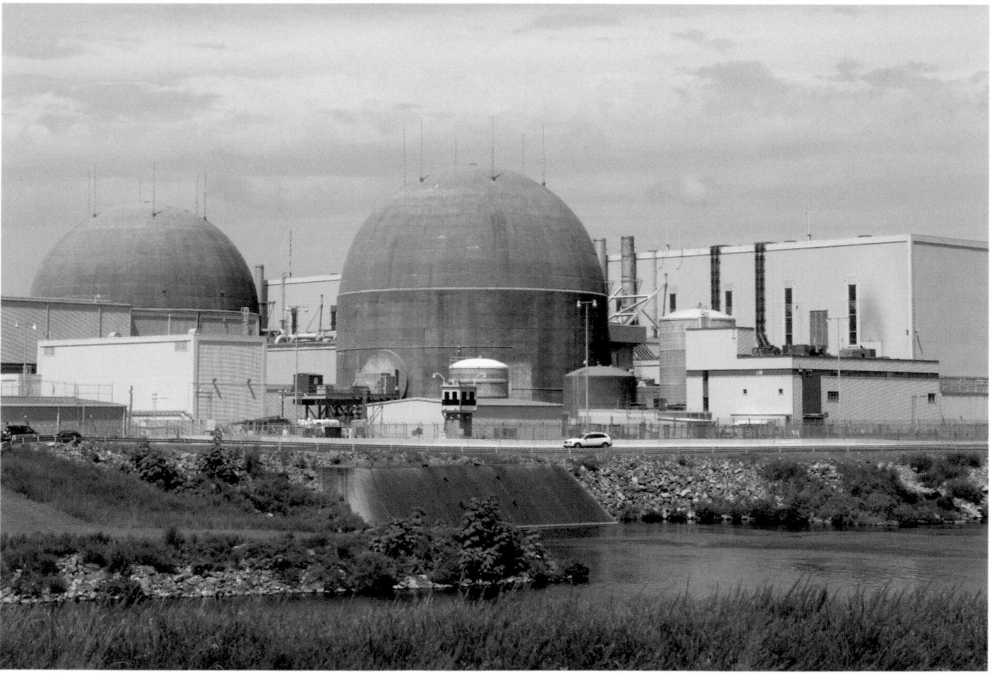

位於美國維吉尼亞州的「北安娜」核電廠與台灣的核三廠為「姐妹廠」，不僅外觀極為相似，也都採用美國西屋公司製造的壓水式核子反應爐。

能在內的各種能源。能源部也承諾會繼續與國會合作，確保美國持續使用核能；二〇一三年美國總統科技顧問團更提出建議，敦促政府要積極發展新一代核子反應器。

美國核能協會（NEI）指出，因為核能具有穩定性高、價格低廉和乾淨能源三大特點。以能提供大量電力的四種能源來說，煤與核能為基載電力，可以全天候二十四小時供電；石油和天然氣相形之下就不夠穩定。

核乾淨，環團人士也挺

但與煤比較起來，核能更便宜。以二〇一二年的數據為例，核能提供每度電（千瓦小時）的成本是二．四美分，煤則要價三．二七美分；此外，核能也是這四種能源中，唯一在運轉期間不會排出溫室氣體；核能占美國所有零排放電力的比重更高達三分之二。

也因核能具有「乾淨」的特點，在美國，環保與核能並非對立。「綠色和平組織」共同創辦人派屈克摩爾（Patrick Moore）支持核能，紐澤西州前州長、環保署前署長克莉斯汀懷曼（Christine T. Whitman）也是核能擁護者。

ＮＥＩ每年都針對核能舉行二次民調，問題很簡單，「你贊成還是反對核能？」「三哩島事件」發生後，支持核能的民意僅四成；三十年過去，二十世紀末已超過六成支持核能，二〇一三年更高達六成九的美國民眾贊成

聯合報記者獲美國國務院邀請，參訪美國東部北安娜核電廠反應爐內部設施 。

發展核能。

有趣的是，大部分民眾被問到美國境內有幾座核反應爐，多數答案是「大概十幾座吧」；事實上目前全美有一百座核反應爐；NEI對此解讀，這是因為美國核電廠夠安全穩定，政府和民間也持續努力降低民眾對核能的憂慮，讓美國人才能幾乎忘了核電廠的存在。

核電廠延役不划算，美國一年關掉五座

美國前總統甘迺迪有句名言：「改變是生命的定律」，美國核電業的發展也是如此；「三哩島事件」後一度蕭條，在政府力挺下好不容易撐到復甦，卻發生日本福島核災，加上廉價天然氣廠的競爭，二〇一三年已有五座反應爐因成本考量而關閉。

依照美國核能管制委員會（NRC）的規定，一座核反應爐運轉年限是四十年，依法可申請延役一次再運轉二十年；二〇〇五年美國國會通過「能源政策」法案，提供各種貸款和租稅減免措施，讓美國核電廠踴躍申請延役，至今已超過三分之二反應爐取得延役執照。

核反應爐延役所費不貲，不敵廉價天然氣電廠

美國對核反應爐的延役審查有很完善的管制程序，安全是唯一考量。NRC派員實地檢測勘察，提出各種必須補強要求，待施工完成後再派人驗收。一般來說，從申請延役到核准至少需耗時一年，而且所費不貲。

美國電力公司皆為民營，在商言商，面對造價低廉且建造快速的天然氣大量投入市場，不少電力公司即使已取得核反應爐延役執照，在成本考量下仍決定關廠。

威斯康辛州齊瓦尼（Kewaunee）核電廠在二〇一一年曾獲得NRC給

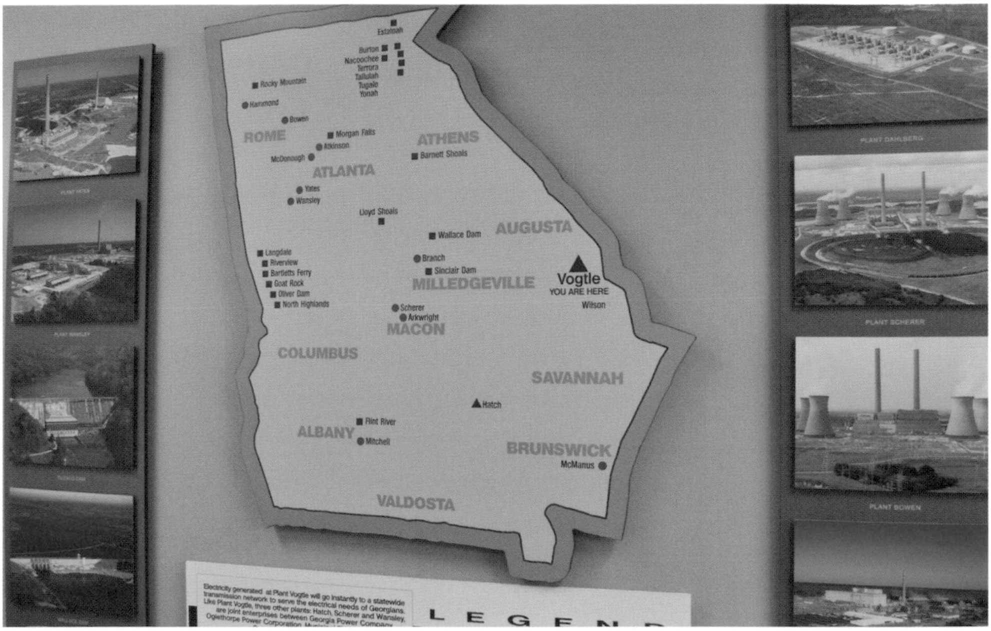

伏鉤核電廠的三號反應爐與四號反應爐，是美國在1979年「三哩島事件」後，第一批獲准建造的核反應爐機組，2013年8月已施工完成三分之一。

記者受邀進入核電廠參觀。

予最高等級的「綠燈」安全評價，二〇一三年五月卻忽然宣布關閉；負責營運的多明尼恩（Dominion）公司表示，純粹基於經濟考量。

多明尼恩公司說，齊瓦尼電廠已服役滿四十年，雖取得延役執照，但經評估延役後的發電成本和批發電價後，還是決定將「齊瓦尼」脫手，卻遲遲找不到願意收購的電力公司，只好在服役屆滿前將「齊瓦尼」電廠關閉。

五座新反應爐動工，安全為第一考量

不過美國雖然去年關閉了五個反應爐，但也同時有五個反應爐興建。除了美國田納西州的瓦特巴（Watts Bar）核電廠二號反應爐是重啟動工外，喬治亞州的伏鉤核電廠三、四號反應爐和南卡羅來納州的夏季（Summer）核電廠二、三號反應爐都是全新建造。

伏鉤核電廠三、四號反應爐是一九七九年「三哩島事件」後，首度獲准興建的核反應爐，二〇一二年取得興建執照，為先進型壓水式（AP-1000）機型。西屋電力公司預計投入一百四十億美元，在二〇一七年和二〇一八年陸續服役。伏鉤核電廠工程副總洛克霍斯特（Mark Rauckhorst）說，「伏鉤」新反應爐強化許多安全設計，事故發生後七十二小時內有全自動的反應措施，可以避免福島核災發生的人為疏失，「我們的電廠非常安全」。

核電廠防災：進出三關卡、堵恐怖分子

二〇一一年的福島核災事件，對正在復甦的美國核電業造成不小衝擊，核電業者因此共同提出一項ＦＬＥＸ緊急應變計畫，設想各種可能發生的緊急狀況，備妥可攜帶式的應變設備，避免核反應爐受損導致輻射外洩。

福島事件後，美國核能管制委員會要求核電廠必須針對重大事故時反應爐的冷卻、給水和廠區電源問題，提出解決方案，ＦＬＥＸ計畫因此而生。業者必須在廠區內備妥可攜帶的發電機、電池充電器、幫浦、電扇、送風機和壓縮機，應付各種緊急狀況。

周嚴戒備，防範天災人禍

為了做好備份後援，核電業者也在田納西州的曼菲斯和亞利桑那州的鳳凰城成立區域中心，當災難發生時，核電業者可以向較近的區域中心求援，利用卡車、飛機把更多緊急救援設備送往受災核電廠。

兩個區域中心分置東、西兩岸，避免因一場天災同時癱瘓。區域中心除了擁有多組相同核電緊急設備，也配置重型裝備，包括足以為核電廠緊急冷卻系統注入電力的大型緊急發電機、處理冷卻水的裝備，以及工作人員的額外輻射保護裝備。

除了防範天災，美國核電廠也相當重視人禍的危害，尤其九一一事件後，核電廠更被列入重大國家安全管制設施。運轉中的核電廠，安檢措施嚴格無比，不僅不對外開放，連媒體採訪都必須獲得國務院專案許可，並經過層層安檢才得以進入。

不同於台灣核電廠是由保警戒備，美國核電廠是聘請私人保全公司，每名保安人員都接受過嚴格軍事訓練，很多還是退伍軍人，荷槍實彈在各個出入口戒備。即使是天天在此上班的員工，進出都要通過三道安檢關卡，嚴格的管制措施，就是要避免核電廠遭到恐怖分子滲透。

北安娜核電廠內的乾式貯存場為高度管制區，四周空曠無其他建物，有電眼24小時監控，不僅用電網層層圍住，通道口還架設多重路障。

興建中的伏鉤核電廠。

美研發小型反應爐，減少核廢料

核廢料問題一直是核電廠安全被質疑的主因。美國原本選定內華達州的猶卡山（Yucca Mountaion）做為核廢料最終貯存場，最後卻因法令程序問題，歐巴馬總統於二〇一〇年授權能源部撤回申請案。

核廢料處置，是政治議題

歐巴馬政府另成立「藍帶委員會」（BRC），重新檢討美國核廢料政策。BRC在二〇一二年公布「美國核能未來藍圖」報告，認為仍應透過適合性、階段性、透明性、共識性、標準及科學為基礎的方式，讓核廢料獲得最終貯存。但地點為何，至今仍沒有結論。

在最終貯存場定案前，美國核電廠除了用燃料池貯存用過的燃料外，也在廠區內選擇空曠地點建造「乾式貯存場」。美國現有核電廠超過九成都取得美國核能管制委員會核發的「乾式貯存場」的使用執照，並以服役六十年的核廢料為存量目標。

美國核能協會（NEI）對外溝通處長希爾（Walter Hill）二〇一三年九月來台出席研討會時坦承，核廢料的處置「不是技術問題，是棘手的政治議題」；有些國會議員基於政治考量，不願意推動「猶卡山計畫」；未來會如何發展，沒有人有答案。

最終貯存場狀況不明，美國核電業展開自力救濟，積極研發小型反應爐（SMR）。與一般反應爐裝置容量約一百至一百三十萬瓩相較，小型反應爐只有三十萬瓩，卻能更有效率的燃燒更多核燃料，連核廢料也跟著減少。

小型反應爐，核廢料少，更有效率

小型反應爐還有很多新的特別設計，包括使用特定的燃料配置，即使發生嚴重意外也不會融毀；有些小型反應爐只需要少量的水，甚至可靠氣體冷卻。這意味著未來建造核電廠不必得靠河邊或湖畔，小型城市、較偏遠的鄉村或沙漠也可以有核電供電。

小型反應爐讓美國政府對核電業未來充滿期待，微軟創辦人比爾蓋茲也投資一家研發小型反應爐的公司，相關計畫持續進行，包括尋找示範運轉的地方。依照目前進度推算，大約二〇二五年左右小型反應爐就可以投入市場。

英國

蕭白雪

以核減碳，英國走的路

從二〇一三年底到二〇一四年初，英國遭遇百年來罕見的狂風暴雨，有的村莊對外聯繫管道中斷超過一個月、數十萬家庭電力遲遲無法恢復，火車公司甚至建議民眾取消出遊計畫，許多鐵路都因天氣影響無法行駛。

因應氣候變遷，選擇核能與綠能

英國政府單位中，能源與氣候變遷是同一個部會，能源政策的擬定過程中，全球暖化、英國的氣候型態，都是必須考量的因素，核能與再生能源，都被認為是因應氣候變遷不可或缺的重要電力來源。

相較於歐陸其他關於核電有激烈討論的國家，英國雖然是身為歐洲第一個核電運轉的國家，但是對核電的討論一點都不激情；主要政黨都認為核電有必要存在，民眾對電價的關心更甚於電力來源，即使日本福島事件後，有些國家決定廢核，英國民意對核電的支持度反而不降反升。

當極端氣候帶來的天災越來越頻繁，氣候變遷引起的討論與注意越來越多，二〇一四年初採訪期間，適逢英國因暴風雨帶來百年罕見災難，相當程度被認為是氣候變遷所造成；減少碳排放量的目標，不單寫入法規中白紙黑字得盡全力達成的數字，更是為了下一代、不得不的投資。

在低碳、能源自主、電價讓一般民眾負擔得起的目標下，依靠燃煤的

國會大廈和倫敦塔橋，是英國的著名景點。

火力發電廠將有計畫關閉，高度依賴進口的天然氣發電、不但價格會隨國際市場波動，同樣有汙染疑慮；再生能源當然是選項之一，核電同樣被認為不可能或缺。

英國人很務實，全國用電不可能全靠再生能源，再生能源業者也認為可和核電共同為英國能源各自盡力，在未來的能源市場上，不是一場拼得你死我活的單一選項殊死戰。

即使裝設太陽能板價格下降，但英國能享受陽光時間有限，風力發電雖有發展潛力、也有密集的發電機，但仍有缺風運轉季節，核電與再生能源併存，因而獲得英國政府與民間多數支持。

沒有地震海嘯，核電相對「安全」

當反核人士質疑核電「安全」時，許多英國人認同核電的理由之一卻是「安全」。英國沒有地震、海嘯，過去半世紀的英國核電廠沒發生過大狀況，即使核電廠附近居民，都已習慣而不曾感受到核電的威脅。

核電另一個被英國人視為「安全」的原因，在於核電屬於獨立自主能源，不用仰賴進口，對英國人而言，進口電力就像被其他國家掐住咽喉，尤其在全球極端氣候侵襲下，伴隨而來的天然災害越來越常見，無法自主的電力，比核電廠還令人不安。

2012年英國發電種類比率

單位:%

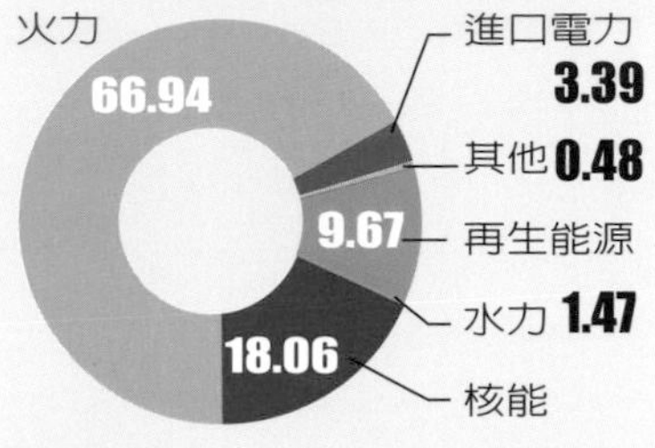

製表蕭白雪　■聯合報

一分鐘看懂 英國能源現況

自有能源比重	61%
中長期發電比重規畫	2050年前燃煤發電廠全關閉，預估核電要占全國發電量二成五
核電機組數量	16組
運作中的機組數量	11組
家庭用電每度價格	6.54台幣
工業用電每度價格	3.97台幣

製表蕭白雪　■聯合報

因應全球暖化氣候變遷、2050年要減碳八成的目標下，英國朝、野主要政黨一致認同，發展再生能源之外，核電仍是未來不可或缺的穩定電力來源之一；福島事件並未改變英國民意對核電的支持，因為老百姓更在意電力供應的穩定與可負擔的電價。

再生能源發電比率

種類	占再生能源比率（%）
陸地風力發電	29.3
離岸風力發電	18.2
太陽能	2.9
水力	12.8
垃圾掩埋沼氣	12.6
其他生質能源	24.2

資料來源DECC　製表蕭白雪　■聯合報

英國混合能源，核電不可或缺

在極端氣候帶來的災難越來越多時，核電的低碳、自主能源特性，成為英國混合能源政策不可或缺的選項，英國政府在二〇一三年宣布將建新核電廠，今年二月初的英、法高峰會後，兩國更簽署聯合聲明：未來要加強核能合作因應氣候變遷。

火力發電廠，逐步關閉

英國為因應氣候變遷訂定的政策目標，二〇五〇年要降低溫室二氧化碳排放量達八十%，在能源選項上，除了將逐步關閉以燃煤為主的火力發電廠外，再生能源的使用，要在二〇二〇年達全國能源的十五%外，投資建立新核電廠，更是英國政府核心政策之一。

英國氣候變遷特別代表大衛．金恩爵士（Sir David King）在接受專訪時明確指出，「能源政策和氣候變遷必需結合」。他表示，混合能源是很重要的政策，英國除透過補助，發展離岸風力、潮汐發電等再生能源技術外，興建新一代的核電廠也同樣重要。英國是歐洲第一個以核電廠商業運作的國家，目前在八個地點有核電廠、共有十六個核子反應爐。其中還有一個二〇一四年九月除役；大衛．金恩爵士指出，如果沒有新核電廠、現有核電廠未延役，到二〇二三年，英國將只剩一座核電廠運作。

考量暖化造成氣候變遷，是英國發展核電的主因。記者今年初採訪時，適逢英國暴風雨百年罕見災難，搭乘火車行經淹水區，旅客拿起手機拍攝。

英國四處遍布的電網。

已經退役，即將改建為綠能建築的Battersea火力發電廠，與河對岸的英國出租腳踏車成為一種對比。

建新核電廠，朝野共識

英國首相卡麥隆在二〇一三年十月二十一日宣布在位於索美塞特郡（somerset）的原辛克利核電廠區（Hinkley）新建可容納兩個核子反應爐的辛克利C點核電廠，預計二〇二三年啟用後，可供應全國七%所需電力，成為福島事件後，歐洲第一座宣布要新蓋的核電廠。

英國下議院中能源委員會的保守黨議員丹・拜爾斯（Dan Byles）形容，這是英國未來核電發展的新里程碑。他表示，英國能源政策三大優先考量點是：低碳、安全、負擔得起。經過許多辯論後，不管朝野都認同核能是英國必要的選擇。

再生能源，受限天氣

二〇一三年在一次跨黨派人士的討論會議上，結論是英國如果不建新核電廠，將無法因應氣候變遷要達到的目標。

二〇一四年初的英國大風暴，狂風豪雨帶來的災難，被英國媒體形容是近兩百多年最大洪災。倫敦政經學院葛拉漢氣候變遷和環境研究所主任鮑伯・沃德（Bob Ward）以此為例指出，民眾平常只關心電價對生活成本的影響，但如果不減少碳排放量，極端氣候所帶來的災難，要付出的代價更高。

英國能源與氣候變遷部的政策白皮書中，關於未來能源政策的描述中，更明確點出未來是再生能源與核電共存的混合能源時代，除發展離岸風場、太陽能、潮汐等再生能源外，更直陳不管是太陽能發電或風力、潮汐發電都受限於天氣，核電廠穩定供電的特色，讓核電成為英國不可或缺的電力來源。

核能成本低，民眾支持

核能工業協會政策負責人彼得・哈斯拉姆（Peter Haslam）表示，許多關心環境的專業人士原本反核態度已有所改變，因為現在環境問題最嚴重的是氣候變遷問題，為了減碳目標，有些過去反核的人士，為此願接受核電存在。鮑伯・沃爾更指出，工業革命是從英國開始，英國應為全球擔起更重的減碳責任，再生能源或許是未來能源的答案，但相較於核能在英國長期扮演穩定供電者，離岸風場等新能源目前都還算新技術，投資成本比核電廠高，一個國家或市場都不該偏重單一能源來源。

丹・拜爾斯進一步解釋，英國人不喜歡仰賴進口能源，在北海油田產量日漸減少、又要符合低碳要求，新核電廠一旦蓋好，可穩定運轉發電、不用受進口燃料價格影響，且目前核電的成本低於離岸風力，因而受到六至七成民意的支持。

風力發電。

再生能源組織的離岸再生能源主任梅迪奇。

位於倫敦，橫越泰晤士河諸多橋樑中唯一一座裝有太陽能面板的橋樑，是世界著名的橋樑。

能源、環境與資源資深研究員安東尼．弗羅加分析，英國主要的三個政黨都支持核電。

福島核災，英國民眾無感

相較於德國在日本福島核災後宣布朝無核家園邁進，英國從學者到一般民眾都坦承，福島事件在英國引起的討論不像德國熱烈；跟德國相反的還包括，英國政府除了宣布將在辛克利蓋新核電廠外，目前還有另外五個地區、九個核子反應爐申請興建，聲勢宛如英國的新一代核能工業復興。

由卡地夫大學研究人員組成、為英國能源研究中心長期進行的民調更發現，日本福島事件後，幾乎對英國民意沒有影響，英國民眾近年來對核電的支持度不降反增；即使民眾更樂見發展再生能源取代核電，但反核人口在英國在過去幾十年來，從來沒超到三分之一，支持無核家園或希望立刻關閉核電廠的比例，在過去十年更出現下跌趨勢。

電價高低，民眾最在乎

位於倫敦的皇家國際事務研究所能源、環境與資源資深研究員安東尼．弗羅加（Anttony Froggatt）分析，英國主要的三個政黨，包括工黨、保守黨與自由民主黨，目前立場都支持核電；福島事件後，英國沒有出現像德國總理梅克爾這種態度一百八十度大翻轉的政治人物，不但很少有英國政治人物就核電議題公開辯論，媒體相關報導也少，民眾自然不會關注。

丹．拜爾斯指出，英國不像日本有地震或海嘯，民眾因此較少擔憂核電廠的安全；大衛．金恩爵士更以日本福島有上千人死於海嘯，但有人死於核爆嗎？強調英國民眾也是經過很多的辯論，在福島事件後支持核電的民意不降反升。

即使連知名的反核團體綠色和平在英國總部的政策主任道格・帕爾（Doug Parr）都說，多數英國人在乎是電價與穩定供電，不管電是怎麼來的。

不相信英國沒有核電就活不下去的帕爾坦率地說，廢核目標在英國還有很長的路要走，不可能馬上達陣；但「今年是關鍵」，一旦辛克利新蓋核電廠的合約簽定，其他申請要新蓋的核電廠將更難以阻擋。

倫敦市區內大量觀光客湧入的巧克力店，以及寒冬中、沒錢享用暖氣的街頭遊民，形成強烈對比。

英核電廠，給工作也能殺時間

英國政府宣布要在索美塞特郡建新一代核電廠，從中央到地方民意多表支持，除了可望新增工作機會外，相關工程人員進駐，可望促進在地經濟，都是近年來受經濟衰退之苦的英國民眾願意支持的誘因。

英國政府宣布將新建核電廠時，特別指出此一興建計畫可望創造兩萬五千個工作機會。核能工業協會的政策負責人彼得・哈斯拉姆坦言，此刻因經濟衰退，讓民眾更願意支持有大型工程以創造就業機會。

創造就業機會，促進當地經濟

索美塞特郡議會副議長大衛・霍爾（David Hall）在接受訪問時，口氣中難掩興奮地表示，目前預計在辛克利新建的核電廠，是西歐目前最大的能源投資計畫，也是英國繼二〇一二年奧運後，最大型的工程，核電廠興建工程預計要花三至五年時間，不管是短期或長期效益，都有利於促進當地經濟。

此外，早在一九五〇年代，辛克利就有第一代核電廠，目前存在的第二代核電廠，自一九七六年運作至今，當地人可說與核電廠共同生活已超過半世紀；大衛・霍爾說，當地區民多半熟識在核電廠內工作的員工，也很習慣這個「乾淨、安靜的鄰居」，對於要再興建新核電廠，非旦不擔心，更期

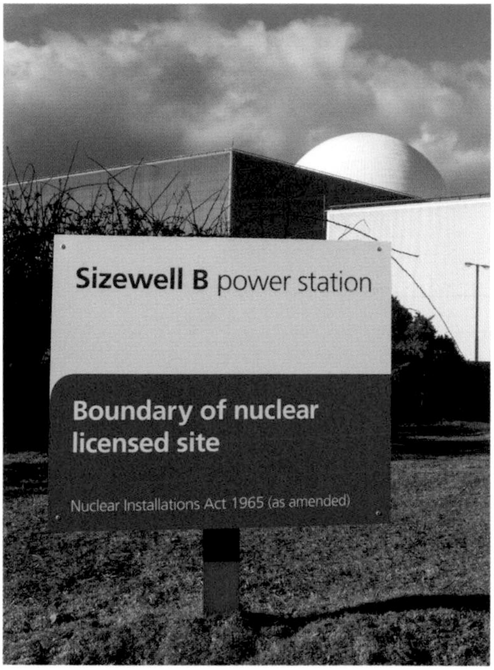

位於Sizewell的核電廠，許多英國民眾會在下午時分到電廠旁的海灘步道散步、嬉戲，似乎不懼怕身後的核電廠。

待能為在地經濟注入更多活水。

國會議員丹．拜爾斯更拿出數據指出，目前辛克利核電廠的存在，包括核電廠上千名員工及他們家庭在當地的日常消費，每年約可為當地經濟貢獻四千萬英鎊；有些地方甚至會主動爭取蓋新核電廠，原因就跟爭取汽車公司設廠一樣，都是為當地居民爭取工作機會。

預計在辛克利新蓋的核電廠，是由原ＥＤＦ法國電力公司加上中國大陸的資金，曾在英國媒體上引發批評，丹．拜爾斯倒是樂觀地說：八〇年代是日本人帶著資金到英國建汽車廠，如今，中國大陸願意投資英國核電廠，顯示英國是安全、政治穩定的國家。

濱海核電廠，散步休閒好去處

賽斯威爾村（Sizewell）是從倫敦搭火車不到兩小時就可抵達的另一個核電廠所在地，核電廠旁的海濱，是當地人周末一家老小散步、釣魚、消磨時光的休閒去處，除了現有的核電廠外，ＥＤＦ法國電力公司更計畫在當地新建核電廠，預計可和辛克利新核電廠一樣容納兩個核子反應爐。

幾位在核電廠旁散步的民眾接受記者訪問時，都表達了支持蓋新核電廠的立場，在當地住了數十年的詹姆士．賽西爾便說，這對當地是好事，當地很需要工作機會，且核電廠在當地存在已久，沒有拒絕的理由。

有當地民眾聽到台灣有相當大的反核聲浪時，還有人不解反問：為什

英國索美塞郡的辛克利核電廠，當地預計將蓋新核電廠。

麼要反對？同樣表達支持立場的民眾大衛·鮑伯利說，當地早就有核電廠了，再多一個也沒什麼差別，唯一擔憂的是核廢料的處理，英國畢竟至今仍找不到適當的核廢料處理場所。

目前是軟體工程師的詹姆士·哈維說父母親的住家離核電廠不遠，他形容附近風景很好，四周到是大自然，在倫敦上班的他，還想過退休後搬過去住。

格林威治大學能源政策教授史蒂芬·湯瑪斯（Stephen Thomas）是英國少數立場鮮明反核學者，他語帶諷刺地說，新建核電廠理由之一是創造工作機會，就算花錢蓋金字塔，也可創造就業機會。史蒂芬表示，英國政府長期以來一直有野心要復興核電，讓多數人把核電看得太重要，在他眼中，即使明天把所有核電廠關閉，也不會發生任何事。

電費要省點，英國民眾跟太陽借力

二〇一四年一月六日傍晚七點至七點半間，暴風為英國風力發電創造史上發電量新紀錄，平均達六千〇四MW（百萬瓦），約可提供全英三百四十萬戶家庭使用，占全國發電量百分之十三．五。

再生能源，以風力最具潛力

倫敦政經學院葛拉漢氣候變遷和環境研究所研究員，迪米特里．增西利斯（Dimitri Zenghelis）分析，未來十五年是強調低碳時代。在講究低碳標準下，除了核電、再生能源更是英國未來發展重點，包括太陽能、風力及潮汐發電，英國政府都有鼓勵政策，希望未來扮演越來越重的角色。

其中，風力發電被視為更具潛力，目前全球最大離岸風力發電廠，就是距離英國肯特郡海岸約二十公里的倫敦陣列（London Array），預計每年可為五十萬戶英國家庭提供用電，並減少九十萬噸的二氧化碳排放量。

英國再生能源組織的離岸再生能源主任尼克．梅迪奇指出，最新數據顯示，英國目前約有一成四的電力來自再生能源，其中半數都是風力發電。他說，英國是風很大的國家，很適合發展風力發電，預估到二〇二〇年，風力發電量可望還有兩成成長空間。

倫敦貝拉克法瑞斯車站（Blackfriars）橫跨泰晤士河兩岸屋頂，耗費

在自家房屋屋頂裝設太陽能板的喬修兒一家人仍認為，利用陽光發電是項好投資。

英國不是長年陽光普照國度，陰雨天很常見

近五年時間、安裝完成四千四百片太陽能面板，二〇一四年初剛啟用，是目前全球最大的「太陽能橋」，藉由太陽能電力，預估每年可為車站減少五百十一頓的二氧化碳排放量。

陰雨綿綿，太陽能不太可靠

只是，英國畢竟不是經常陽光普照的國家，住家裝有太陽能面板發電的喬修兒．愛德布魯克看著網路上記載的每天發電記錄說，去年七月天氣很好，每天發電量都很高，但一月分好幾天都沒有陽光，一點電力也沒有。

目前全英國約五十萬家庭裝設有太陽能板，相較於德國、西班牙、義大利等歐陸國家，比例明顯偏低，英國的氣候，先天上就不易依賴太陽能；但在裝設太陽能面板成本已大幅降低情況下，英國官方越來鼓勵民眾在住處裝設太陽能板。

喬修兒．愛德布魯克一家兩年前花了八千英鎊裝了太陽能面板，靠著政府補助政策，以每度電價四十三便士的價格賣給電力公司，兩年來靠賣電收入超過兩千三百英鎊，這還不包括家人使用太陽能電力省下的電費，讓家人都大呼：這投資真的很划算！

電價貴不貴 英國民眾最在意

英國能源費用包括電價及瓦斯費，過去十年是年年調漲，五年漲幅約四成，一般民眾對能源政策討論最多、最在意的是電價，不樂見汙染能源，願支持再生能源、但綠色電價也得在負擔得起範圍內。

玩音樂的杰西．愛德布魯克受訪時說，他個人偏好綠色能源，但風力發電的投資成本太高，燃煤和天然氣都有汙染問題，核電因為便宜，才會獲得大多數英國人支持。

電費節節升，民眾想方設法節能省電

大學剛畢業沒幾年、擔任過國會助理的傑克．波帝爾斯便抱怨，英國六大電力公司獲利太多，造成電價太高，這是目前政治上常引起辯論的話題；他支持核電並希望新建的核電廠，政府能和業者簽下三十年電價不變的合約，別讓電價漲不停。

節節上漲的電費帳單，讓許多家庭都想方設法省電，從事藝術工作的安德魯．柯慕斯家中每個插座都有省電裝置；平常白天屬於電費較貴的尖峰時刻，太太乾脆把家中暖氣關掉，只為省錢。

詹姆士．哈維則是將電力公司提供的家庭用電量顯示器放置在廚房，

安德魯・柯慕斯一家人平常生活即注意省電，太太也會注意電費開銷，尋找最佳電價方案的電力公司。

詹姆士・哈維將電力公司提供的家庭用電顯示器放在廚房，隨時觀看是否浪費電；家人使用電器、甚至孩子在家看書、玩樂時，都盡量避免浪費。

他和太太克萊爾隨時都可觀看會不會用電過量。精打細算的家庭主婦克萊爾，除了比較各家電力公司費用外，更將不久前才買下的房子裡原本極為耗電的燈泡，逐一改為較省電的ＬＥＤ燈，就連原屋主留下的大型冰箱，都因過於過於耗電，換成具有節能效用的新冰箱。

價格是再生能源發展關鑑

身為軟體工程師的詹姆士．哈維說，未來從家居生活到交通工具，消費者需要越來越多電力，電價再貴仍是生活必需品，為了確保電力安全，英國需要混合的電力，核電在英國已存在幾十年，很少人擔心會發生危險。克萊爾表示，願意使用再生能源，但前提是要價格負擔得起。

英國人常使用腳踏車做為代步工具，相較開車，騎腳踏車是個節能減碳的好方法。

廢核代價有多少？

經濟部說

不用核四發電，只能擴大火力發電來彌補電力缺口，估 2018 年電價將上漲 13~15%；隨著其他核電廠陸續除役，估計 2026 年電價將上漲 34%~42%

政府說

核四工程進度已達 95%，投資 2838 億元，一旦廢棄不用，將由納稅人共同承擔，估計每個家庭負擔近 5 萬元

環團說

核四發電量僅占 6%，對電價影響有限。只要政府積極採行節能措施，抑制用電成長，提升產業能源使用效率，並提升再生能源，台灣根本不會缺電

能源風暴，十年電力缺口怎麼補

突然停電十天是什麼情景？你能夠撐過幾天？

國家地理頻道曾蒐集災難發生時美國民眾自己拍攝影片，製作成驚悚劇情片《駭垮全美電力》。當美國電網系統癱瘓的第一天，街燈熄滅，市區大塞車，人們被困在地鐵和電梯裡，ＡＴＭ無法領錢；有民眾舉行派對，並預測九個月後會有新一波嬰兒潮。

第二天，馬桶不能用，開始停水；冰箱的食物開始腐敗，人們瘋狂搶購瓶裝水、罐頭、電池和蠟燭；不時傳出趁黑打劫及不慎使用蠟燭引發火災。第三天，電力公司全力搶修系統，但學校和企業全部停擺，商店將關閉……

不需要想像，遠的例子「紐約大停電」一夜燒殺劫掠，近的是「印度大停電」，六．五億人無電可用，都是真實的全球頭條新聞。

人均用電，我多德國三千度

平時隨手可得、不在乎的電，一旦失去，引發的不便與混亂，足以讓社會秩序瀕臨崩潰。

台灣沒有天然資源，卻能享受廉價、供應無虞的電力；除了少數幾次因電網遭受外來損害而發生大停電，例如一九九九年夏天發生七二九及九二一大停電，但也很快就復電；台灣人因為不必努力節電，人均用電量竟比德國人多出五〇%、約三千多度電。

一直以來台灣人揮霍、以低廉價格，不斷榨乾脆弱電力系統，讓能源危機步步進逼。尤其核四一旦不能商轉，核一、二、三廠跟著除役，台灣將在二〇二五年達到非核家園。

電價調漲，廢核非免費午餐

然而，廢核及能源轉向不是免費的午餐，台灣人民要付出多少代價，以及要啟動那些相對應的可行策略，卻未獲理性與充分的討論。

首先，核四工程進度已達九十五%，投資二八三八億元，一旦廢棄不用，將由納稅人共同承擔，估計每個家庭負擔近五萬元。

不用核四發電，就要有替代能源；根據經濟部規畫，只能擴大興建燃煤及燃氣發電來彌補缺口，電價將因反映燃料成本而大增，估計民國一〇七年電價將較目前上漲十三%~十五%；隨著其他核電廠陸續除役，估計民國一一五年電價將較目前上漲三十四~四十二%。

電價貴一點，有電可用，情況還算好。就怕沒電可用，壓降、跳電成為常態，台灣將經常陷入黑暗。

經濟部能源局指出，目前法定備用容量率是十五%，依台電和能源局最新推估，一旦廢核四，民國一〇七年降到十%以下，台灣進入民國一一

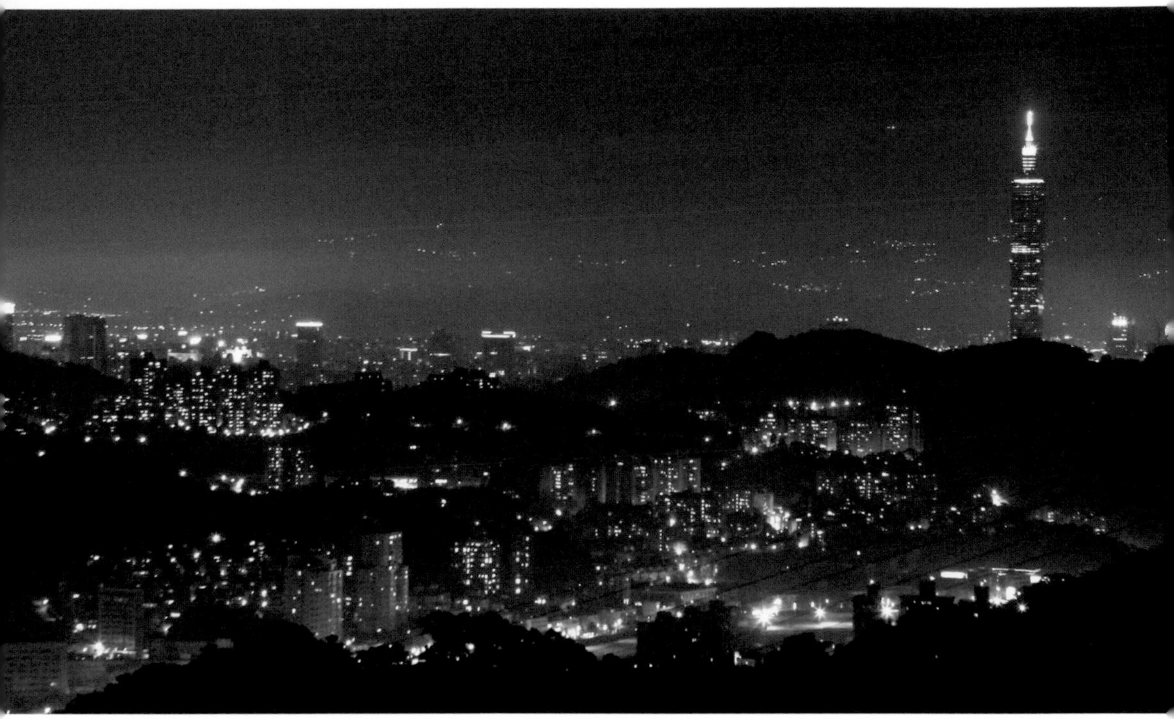

遠眺台北市內湖夜景，萬家燈火，璀燦美麗。現代都會和生活，早已離不開電，現代人更難想像，沒有電將會如何。 記者曾吉松／攝影

○年更降至五．四%，限電無法避免；民國一一四年時，備用容量率更跌到負○．三%，亦即全國的電，根本不夠用。

經濟部核四辦公室主任吳玉珍解釋，國際預測機構GI對台灣經濟成長長期預測平均為三．三二%，台電僅以用電成長率一．八%來計算，即便有核四廠，自二○一五年起，全國備用容量率經常在十五%以下，二一一二年降至十%以下，「只要台灣經濟比預期中稍微好一點，用電量就會不足」。值得注意的是，就算是全國採行強制性，最嚴格的節電措施，所能增加備用容量，幾乎微乎其微。

備用容量大降，限電難避免

經濟部次長杜紫軍表示，不用

核電，長期必然要考慮以天然氣來替代，造成電價上漲，接收站及電廠也要十至十二年，確定接不上來，將產生缺口。

綠盟提出用電零成長主張，並主張只要產業進行節電，就不會缺電。杜紫軍回應，過去幾年工業節電做得非常多，「容易節的，都已經節了（即節能投資回收期短的）」；接下來都是困難的節電，這涉及產業轉型，需要時間；相反地，住商部門節能得很少。

產業節電，涉轉型需要時間

杜紫軍說明，台電用電負載設計是緊跟著經濟成長，見諸國內外經驗，可以想盡辦法少用電；但只要經濟是正成長，用電量也只能是少成長，不可能零成長，「除非大家接受經濟不成長。」

他並指出，近年來台灣產業結構調整中，交通部門應發展大眾運輸，如高鐵和捷運，以及電動車發展，短期內用電量仍會正成長。

日本趨勢專家大前研一去年十月來台講演，以推動零核電的日本為例指出，節電要有大的變化，是靠產業外移來達成。杜紫軍說，產業外移，自然不缺電，「這絕不是台灣想要的結果」。

各國人均用電量

單位：度/人

資料來源國際能源總署（IEA），呈現的是2011年資料。

台灣一家具有國際競爭力科技大廠主管表示，核四不商轉，對產業界來說，不只新增工廠不可能，連既有工廠用電都會受影響，「連守成都無法了」，而這次若限電，將是二十年都不會改善。

「一旦核四不商轉，業界會自謀生路，」這位主管無奈、卻毫不遲疑地說。

暴走式廢核，恐釀經濟風暴

清華大學核子工程與科學研究所教授李敏直言：「很多人擔心核災事故風險，但台灣經濟可能會先窒息。」

核四不商轉，將不單單只是核四變成蚊子館而已，一場台灣能源風暴即將來襲。不論是支持核電或反對核電，不論你喜不喜歡，都得面對：限電高風險及電力斷層，將會使能源風暴進一步轉變為經濟風暴，衍變為台灣生存危機。

廢核是個進步的目標，但不能衝動式的暴走。環保先驅的德國，為了廢核，預計付出一兆歐元，占其GDP逾三分之一，並以四十年時間來達成。同樣地，若以台灣GDP三分之一計算，至少是五兆新台幣，人民必須改變用電習慣，以四十年來達成廢核。你準備好了嗎？

新｜聞｜辭｜典

備用容量率

一年當中用電最高值，稱為「尖峰負載」；在台灣，尖峰負載通常會發生在夏天白天家戶冷氣全開時。因為電無法儲存，現在需要多少電，電廠就得配合發出多少電。

因此，所有發電廠發電能力，一定要大於尖峰負載，並留餘裕，以防無法預測的電廠或線路故障；否則，就會形成缺口，出現限電的風險。而多出來的餘裕，就是所謂「備用容量」；其占尖峰電力需求比率，即為「備用容量率」。

備用容量率攸關供電穩定，亦是長期電源開發重要參考值，應維持多高水位，各國情況不一。新加坡訂 30%，韓國訂 15% 到 17%；台灣為島嶼型獨立電力系統，電力供應吃緊時無法獲得外援，目前備用容量率訂在 15%。

天然氣替代，四十年全民買單三兆元

一旦核四不商轉，中長期將以排碳量較少的天然氣來替代；經濟部能源局估算，每年約需增加三百萬噸天然氣使用量，採購天然氣成本每年增加七百四十三億元，以電廠壽命四十年計，並加計天然氣接收站、鋪設管線及電廠的投資額，全民及好幾代子孫，將共同負擔逾三兆元。

經濟部估計，興建天然氣電廠，投資額約新台幣一三六五億元；並須興建第三座天然氣接收站，中油估計完成天然氣相關運儲投資計畫花費一四五〇億元。這尚不包括時間成本，亦即電廠興建約需五至十二年，輸儲管線設施約需十至十二年。

核四裝置容量為兩千七百ＭＷ，若全部以天然氣替代，以通霄燃氣電廠第六機組三百二十一ＭＷ為基準，則需約要十座機組。若以燃煤替代，以台中燃煤電廠機組五百五十ＭＷ計，則需六座機組。

能源專家、吉興工程顧問公司董事長陳立誠表示，近年來國內燃煤電廠幾無法興建，連就地更新都不行，但國內要用電，只好蓋燃氣電廠。但核電、燃煤、燃氣發電成本差異很大，過去五年平均一度電分別為〇．六四元、一．五五元、及三．二六元。大量用燃氣發電，將使發電成本大增，推升電價上漲。

台灣廢核時間表

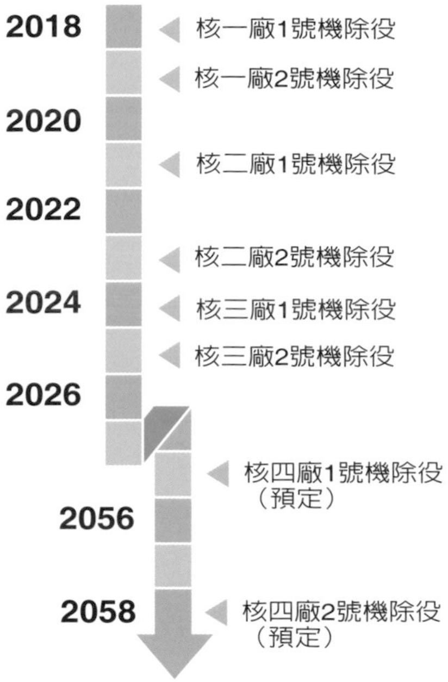

陳立誠表示，核四一年發電以兩百億度估，若以天然氣替代，每年增加成本（含碳權）為三百五十億元，這筆額外成本將持續四十年；緊接著，核一、二、三廠將除役，也是以天然氣來替代，至二〇二五年發電成本增加一千一百五十億元，成本衝擊持續二十年。

陳立誠並說，天然氣又持續替代燃煤電廠，目前已發生因基載不足，必須啟動天然氣發電；隨著燃煤電廠陸續除役，改為燃氣電廠發電，估計到二〇二五年因為節能減碳所增加發電成本為一千億元。

換言之，到二〇二五年時，以天然氣全面替代核電，每年增加成本約一千五百億元；若再進一步替代將除役燃煤電廠，每年增加發電成本更暴升至兩千五百億元。

陳立誠表示，多數國人並不知道核一、二、三不延役政策，以及大量採用天然氣發電的成本，比廢核四更為驚人。若以核一、二、三不延役二十年及核四、火力電廠壽命四十年計算，全面改用天然氣發電，累計代價將達到八兆元，超過福島核災的經濟損失。

廢核後 預估基載電力占總電力比

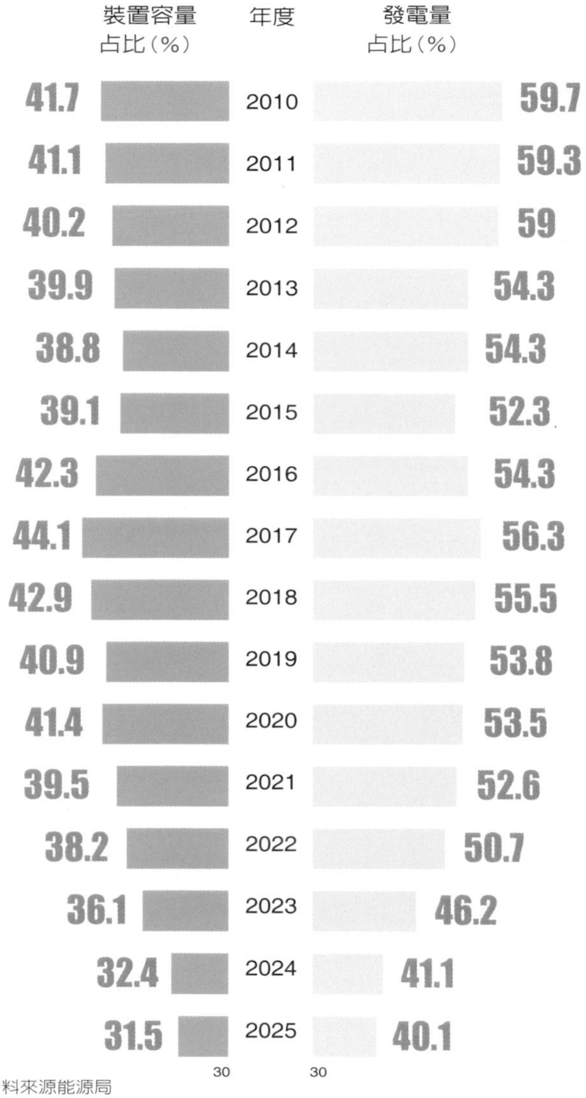

資料來源能源局

台灣天然氣進口來源流程一覽

計
單位:萬噸
台灣
台中港
永安港
台灣有兩個天然氣接收站，一是台中港，二是永安港
天然氣船卸貨後，冷凍儲存，再氣化，放在儲槽（台中港有3座儲槽，永安港有6座儲槽)
甲海峽
馬來西亞
299
印尼
196
澳洲
6
再氣化
4 發電
儲存再氣化
氣運抵台灣後會先送
儲槽儲存，要使用
會復原成為常溫氣態
電廠或家庭使用
5 供電

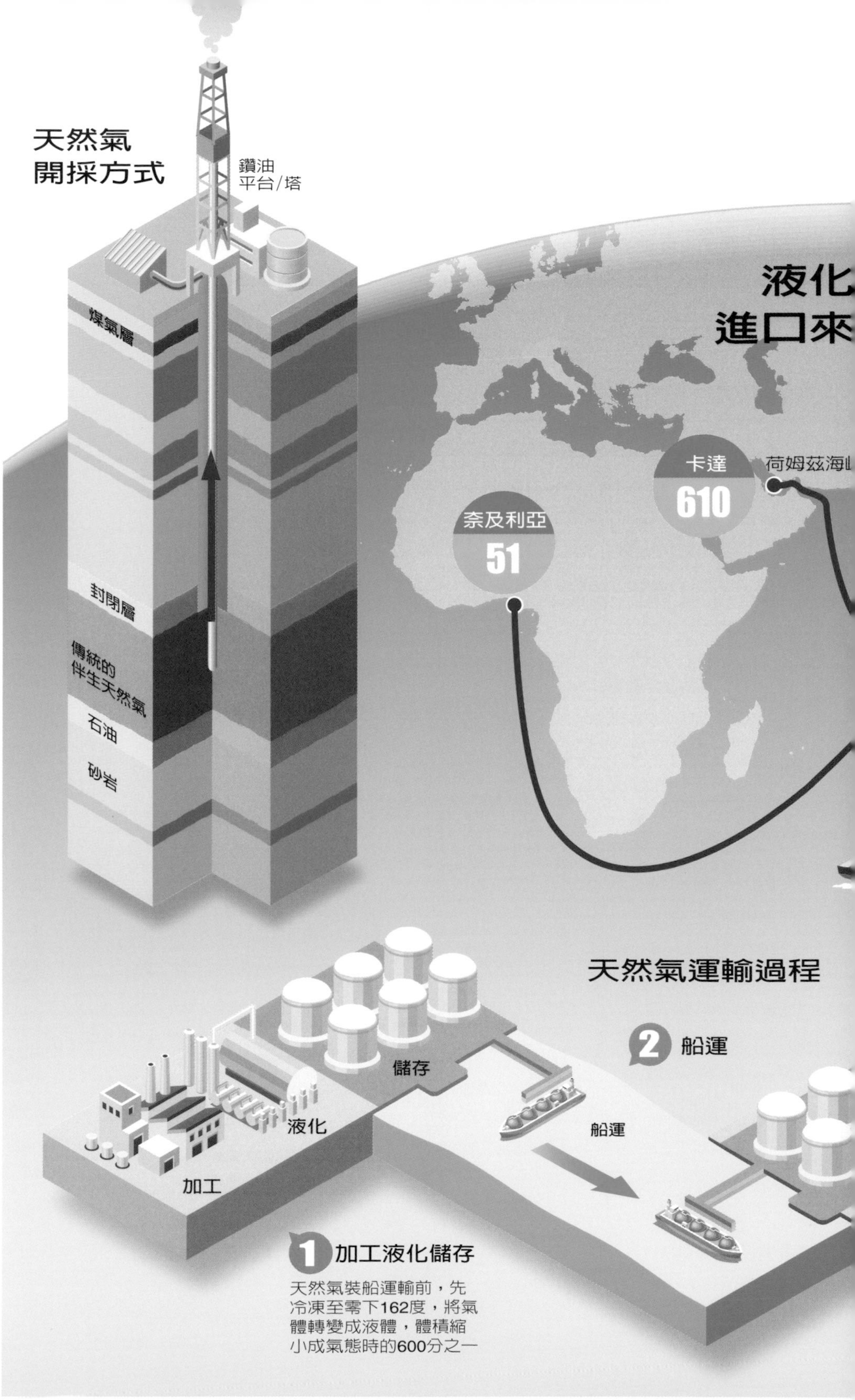
天然氣
開採方式
鑽油
平台/塔
煤氣層
封閉層
傳統的
伴生天然氣
石油
砂岩
液化
進口來
卡達
610
荷姆茲海峽
奈及利亞
51
天然氣運輸過程
2 船運
儲存
液化
加工
船運
1 加工液化儲存
天然氣裝船運輸前，先
冷凍至零下162度，將氣
體轉變成液體，體積縮
小成氣態時的600分之一

員工憂……不要核子，怕養不起孩子

「我對公司的未來感到憂心，也對台灣未來感到悲觀。」今年四十六歲的沈正杰，是兩個孩子爸爸，現為中鋼專門為生產線做節能、電力調度的工程師，焦慮又急切地說。

沈正杰對核四結構安全並不了解，也不是那麼有信心；但他說，如果核四不商轉，其他核電廠如期除役，天然氣和燃煤電廠實際上也蓋不起來，「那台灣到底要怎麼辦？」

「我怕沒飯吃。」沈正杰說。

外界以為傳統產業是高耗電，經濟部次長杜紫軍表示，高耗能產業如鋼鐵和石化，多有汽電共生或自建電廠，對電力系統的依賴沒有想像中得高；最耗電的是電子產業，最不能忍受的電不穩定的也是電子產業，「不要講停電，壓降就受不了，生產線產品就全部報廢」，但「台灣不要它嗎？」

看著中鋼建廠，創造輝煌年代，也看著台灣經濟起飛，將要退休的中鋼老兵黃昌偉，對台灣未來顯露憂心說，「電力是國家基礎建設、國家的根基，有根基，才有下游的蓬勃發展。」

他說，沒有核四，電價一定會漲，老百姓生活就會受影響，「大家能不能苦撐？如果核一、二、三逐年除役，那更恐怖了。」

黃昌偉說，「核電廠是國家能源政策，老百姓是看政府，不能政府沒弄好，就把責任丟給老百姓，要老百姓承擔後果。」

核四商轉與否，以及台灣要不要核電廠，立即牽動的是很多小老百姓、小人物心中深沉的焦慮：將來，有飯吃嗎？

每年夏天，天氣熱，亦是用電量最高峰。家家戶戶裝冷氣情景，在都會區很常見。

提升效能
綠盟：台灣根本不缺電

綠色公民行動聯盟副秘書長洪申翰表示，核四發電量僅占六％，對電價影響有限；綠盟並主張，核四不商轉，核一、二、三儘速除役，甚至減少使用燃煤電廠；只要政府應積極採行節能措施，抑制用電成長，提升產業能源使用效率，並提升再生能源，台灣根本不會缺電。

核四發電量僅占六％，對電價影響有限

「將經濟成長設為中度成長，產業結構服務業比重調高至七十五％，並將產業節能措施調到第三或第四級（級數愈高，節電愈積極），就可達到遠比官方版低很多的排碳量。」洪申翰在工研院建立「台灣二〇五〇能源供需情境模擬器」上，動動手上滑鼠，得出這樣結論。

他說，「減少排碳量是可行的，只是政府不願意去做，也不努力。」

洪申翰坦承，核四發電成本還是比平均電價低一點，綠盟依工研院模擬器跑出來結果顯示，若核四不商轉，核一、二、三如期除役，到二〇二五年每度電價為四．一一元，較目前上漲五十％；而官方版本（即核四商轉，核一、二、三如期除役），二〇二五年電價則較目前上漲四十二％。換言之，核四商轉與否對電價單價，會有十％左右差異。

提升能源使用效率，就不用擔心缺電

他說，不應只看單價變化，若能合理抑制用電成長，降低用電量，提升能源使用效率，民眾繳電費就不見得會增加多少。

依綠盟提出路徑，廢核電價單價雖較目前上漲五十％，但人均電費只成長三十三％；官方版路徑則是單價成長四十二％，人均電費則會增加五十五％。這完全取決政府是否積極提出節電誘因與鼓勵。

綠盟提出用電零成長的主張，他說明，台灣資源都是進口，用電需求本來就應有其上限；隨著燃料價格上漲，產業和能源政策都應調整到最佳效率，「人民都願意開始節電，政府為何還不動手推動產業效率？」

電力市場架構

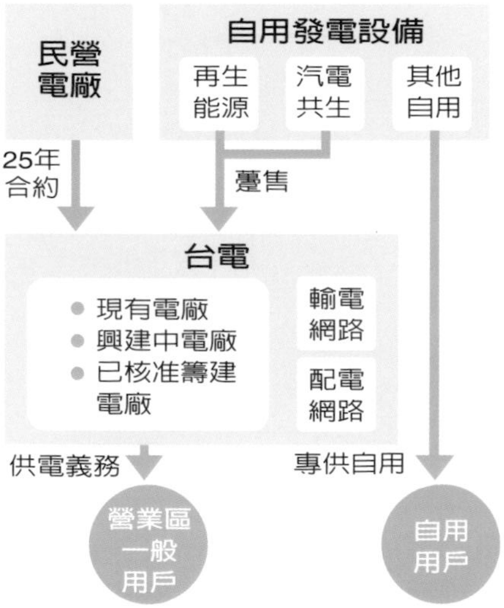

Chapter 6

核不核，台灣的選擇

核四公投，政府沒說清楚的三件事

一

如果公投決定核四不商轉，核一、二、三廠可能要延役

二

如果公投決定核四不商轉，火力發電占比將會提高

三

即使核四商轉啟用，台灣也難達到減碳承諾

核四公投
政府沒說清楚的三件事

過去一年，核四公投原地踏步，幾無進展；核四停工時間是史上最長，已逾三百六十五天，遠超過民進黨執政時讓核四停工的一百一十天。

不同於上一次核四停工，台灣損失的僅是核四延後商轉的金錢代價，這一次核四停工，是我國整體能源發展的關鍵抉擇。

核四要不要商轉，不僅是一座核電廠要不要啟用，連帶影響我國對降低二氧化碳排放、發電配比、產業政策與既有核電廠延役等重大決策。核四公投因政治紛擾懸而未決，已嚴重影響我國推動下一階段的能源政策。

第一件事：核四若不商轉，核一二三廠勢必延役

贏一賠三？反核團體：增加台灣核安風險

經濟部長張家祝說，政府以公投定核四去留，「是民眾對價值的選擇」。但一年過去，政府未把握時間和社會對話，民眾對核四公投的理解僅限於「贊成」與「反對」的二元選擇，卻不清楚核四公投要選擇的是一種「價值」。

政府沒有告訴人民的第一件事：核四公投決定的不只是核四的存廢，還包括現有三座核電廠的存廢。

台灣反核示威在福島核災後規模愈來愈大，反核團體串連集結向政府施壓。

若公投決定不讓核四商轉，等同民眾投票為政府背書，讓平均運轉年紀已逾三十年的核一、二、三廠延後除役。

張家祝接受《聯合報》專訪時明確指出，若核四不能商轉，現有三座核電廠延後除役是我國「必要、且是唯一的選項」，政府必須負責提供台灣穩定的供電，「不能像反核團體一樣，只反核，卻不想如何解決供電的難題。」

經濟部核四專案辦公室主任吳玉珍指出，按照台電估計，若核四確定不商轉，且核一廠一號機如期在民國一〇七年除役時，我國電力備用容量率要急速下降至只剩百分之九點八，台灣將面臨嚴重的限電危機。

張家祝指出，美國已有一半的核電廠延役，「延役廿年在技術上不是問題」。核安專家林宗堯也說，核一、二、三廠都是國外整廠輸出在台灣建設，「好比一架原裝的飛機，只要妥善保養，延役的安全性很高。」

「贏一賠三」卻是反核團體的惡夢。去年掀起國內反核運動高潮的媽媽監督核電廠聯盟發起人陳藹玲說，既有的核電廠延役，只會增加台灣的核安風險。

綠色公民行動聯盟理事長賴偉傑表示，用老舊的核一、二、三廠來換核四停建，只會讓台灣更難擺脫核依賴。

政府決定暫時封存核四，交給下一任政府決定。圖中核四廠正在安裝反應爐壓力容器。

第二件事：再生能源取代？火力發電比重將增

空污加劇！台電評估：碳排放將雪上加霜

關於核四公投，政府沒有告訴民眾的第二件事，是核四若確定不商轉，政府並不是以發展再生能源來取代核能，而是以火力發電取而代之；特別是用電量最大的北部地區，勢必得增建新的天然氣發電廠，我國火力發電的占比將不減反增，對台灣空氣品質、民眾健康都構成嚴重威脅。

台電評估，若全面廢核，台灣天然氣發電比重必然要從目前的三成快速拉高到五成，不但將重蹈過去兩年日本停止核電改用天然氣發電，耗費大量的外匯採購天然氣，且天然氣碳排放的問題，將使我國碳排放的問題雪上加霜。

以火力取代核能的最大風險是空氣汙染。世界核能協會秘書長阿格妮塔・瑞新引用世界衛生組織（WHO）的統計說，全球每年有三百萬人早逝可歸因於空氣汙染，主要原因就是火力發電。

綠色公民行動聯盟副秘書長洪申翰批評，政府不應把核四公投與現有核電廠延役、以及用火力發電取代核電掛鉤處理，「民眾反核四，不代表支持現有核電廠延役」。

各國排碳量

國名	人均排碳量 (公噸CO2/人)	總排碳量 (百萬公噸CO2)
瑞典	4.75	44.9
中國大陸	5.92	7954.6
法國	5.04	328.3
英國	7.06	443
日本	9.28	1186
德國	9.14	747.6
台灣	11.32	264.7
南韓	11.81	587.7
新加坡	12.5	64.8
美國	16.94	5287.18
澳洲	17.43	396.77

資料來源國際能源總署（IEA），呈現的是2011年資料。

第三件事：核四即便商轉，減碳承諾也難達成

低碳社會！學者疾呼：再生能源別再牛步

在二〇一三年底舉行的華沙氣候大會上，日本政府突然宣布要調低二氧化碳排放目標；由原先承諾在二〇二〇年時將二氧化碳排放降低到比一九九〇年還少二十五%的水準，改為增加三．一%的碳排放。

日本對碳排放承諾上食言毀諾，極可能因此遭到貿易制裁，對以出口為導向的日本經濟，將會是一大考驗。

政府在核四爭議上沒有講清楚的第三件事：即便核四商轉啟用，台灣也難達到減碳承諾。

台灣先前對國際承諾，我國碳排放量在二〇二〇年必須降低至二〇〇五年的碳排放量、二〇二五年時必須進一步降低到二〇〇〇年的碳排放水準。

在日本宣布調低減排目標後，馬英九總統重申我國對國際承諾減碳的目標不能跳票。但經濟部最新的評估顯示：若核四不商轉，上述減碳承諾一定跳票；但即便核四商轉，我國減碳承諾不達標的機會，也幾乎是百分之百。關鍵在於，核電廠將陸續除役，但再生能源發展卻仍牛步化，政府對這兩項碳排放量最低的發電項目態度猶豫不明，將導致減碳承諾跳票。

行政院前院長劉兆玄接受國外媒體專訪時曾說，為達到低碳社會目標，政府計畫在台灣增設核電機組；但二〇一一年發生福島核災後，不但核四命

	擁核主張	反核回應
1	核四投資額2838億元若報廢，平均每戶家庭負擔近5萬元	台電低估核四成本，未來包括除役等費用，全民還要付出高達1兆1256 億元代價
2 供電	● 更依賴天然氣，預估最快2014年後，天然氣每年使用量暴增至2000萬公噸 ● 氣源及價格全掌握在外國 ● 基載電力降至4成以下	若能抑制用電尖峰負載成長，讓2015 年時維持2012 年水準，此時核四不商轉，備用容量率仍可維持在18%以上，無缺電疑慮
3 替代能源	● 興建天然氣電廠、接收站、鋪設管線，加上40年新增購氣成本，合計逾3兆元 ● 電價上漲，預估2018年上漲13~15%；2026年上漲34~42%	以用電需求零成長為目標，使2025 用電量維持在2010年水準，並讓台灣再生能源發電量達到官方規畫的1.83倍，再配合燃氣電廠擴增，使台灣達到非核家園
4 備用容量率	預估在2018年降到10%以下，2021降至5.4%以下，限電無法避免	即使核四廠2015 年運轉，備用容量率仍低於15%，核四不商轉就缺電是假議題
5 碳排放	以天然氣替代核四廠，每年排碳量增加751萬噸，減碳目標確定無法達標	若採上述規畫，65% 以上的燃煤電廠可在15年內淘汰，有助落實減碳承諾
6 產業	● 電價上漲，生產成本上漲，競爭力降低 ● 限電影響更大，高科技缺1度電，損失1537元；民生商業缺1度電，損失81元	若搭配工業電價合理化及強制能源效率標準等規範，並以適當政策工具協助中小企業，可提升既有產業能源效率，達到用電零成長目標
7 總體經濟	● 就業機會損失，GDP成長率受衝擊 ● 因供電不穩定，投資停滯，甚至產業外移 ● 因電價上漲幅度大，帶動交通等民生物價全面上漲	藉政策提升能源效率標準、課徵能源稅、產業結構調整，可達到兼顧經濟發展及電力需求維持零成長的目標

運不明，現有三座核電廠增設機組也成為不可能任務。

二〇一三年我國再生能源發電量（不含水力發電）為五十三億度，跟二〇〇九年相比，再生能源發電量增加十一億度，與我國核電一年發電四百億度相比，再生能源發電總量與增加速度，仍難成為我國供電主力，更別說能取代核電。

中經院董事長梁啟源指出，核電是我國推動減碳目標不可或缺的選項，但政府目前對繼續使用核電的態度卻很軟弱。

民進黨前立委王塗發則表示，台灣再生能源蘊藏豐富，但政府發展再生能源不但沒有決心，更沒魄力。

政府在核四公投說帖中告訴民眾，支持核四是我國邁向低碳社會的必要選項，但卻沒說即便核四商轉，我國減碳目標仍可能跳票。

核一、二、三廠
除役時間點

廠	最晚申請除役時間	預計除役時間
核一	一號機：2015/12	2018/12
	二號機：2016/07	2019/07
核二	一號機：2018/12	2021/12
	二號機：2020/03	2023/03
核三	一號機：2021/07	2024/07
	二號機：2022/05	2025/05

資料來源／台電、原能會　製表／王茂臻　聯合報

核四僵局，將致核一除役又延役

核四存廢因核四公投原地踏步而混沌不明，不但讓我國能源政策停擺，更離譜的是，屆退的核電廠要除役或延役，政府也沒有明確的方向。若核四僵局持續，四年後的十二月六日，核一廠一號將可能同時拿到延役執照與除役執照；「除役與延役同時生效」，將創世界首例。

原能會證實，可能出現矛盾

我國第一座核電機組核一廠一號機的運轉執照，將在二〇一八年十二月五日到期；依法令規定，若核電廠延役，必須在運轉執照到期前五年申請；若要除役，則是在執照到期前三年申請。

原能會主委蔡春鴻證實，台電已對核一廠一號機延役提出申請，二〇一五年十二月五日前，台電必須另提機組除役申請。

蔡春鴻說，依照目前國內情勢，二〇一八年十二月六日當天，「核一廠一號機確實可能出現延役與除役同時生效的矛盾現象」。

經長強調，二〇一四年底要做決定

經濟部長張家祝意識到核四僵局的負面效應發酵，他表示：「今年底（核四商轉或核一、二廠延役）一定要做決定。」

4年後的12月6日，核一廠一號機將可能同時拿到延役執照與除役執照。圖為核一廠出水口。

2014年3月公民團體廢核大遊行，不少爸媽帶著小朋友站上街頭。

馬英九總統對國內三座核電廠是否延役已做出政策宣示：在「不缺電、合理電價、達到減碳承諾」的三前提下，國內三座運轉中的核電廠要如期除役。但核四能不能商轉，以及商轉的時間，都將直接影響上述的三前提。

台電煩惱，除役延役大不同

台電高層坦言，核一廠除役、延役與否，跟核四要不要商轉同樣讓台電困擾；因為核電廠除役、延役是兩種截然不同的準備方向。環團則擔心在時間緊迫下，台電延役或除役的工作將倉促上路，核安堪慮。

蔡春鴻說，若台電決定讓核一延役，原能會將依法審查，原能會核准後，核一廠才能延役二十年，但這個審查和核四是否商轉或何時商轉沒有關係，「核電廠延不延役，應由經濟部說明。」

張家祝指出，核一廠除役和延役，台電都有準備，核四若能如期商轉，核一就除役；若核四不能商轉，要慎重考慮核一、二、三廠延役。張家祝坦言，政府對於核四商轉、現有核電廠延役或除役的政策決定迴旋空間，已愈來愈窄小。

綠色公民行動聯盟表示，核一廠「延役與除役可能同時發生」，凸顯政府對核安規畫草率。綠盟副秘書長洪申翰說，台電一心想要核一廠延役，已砸錢設立乾式儲存場，這種心態讓外界很難相信台電會認真推動核電廠除役。

廢核後電力結構

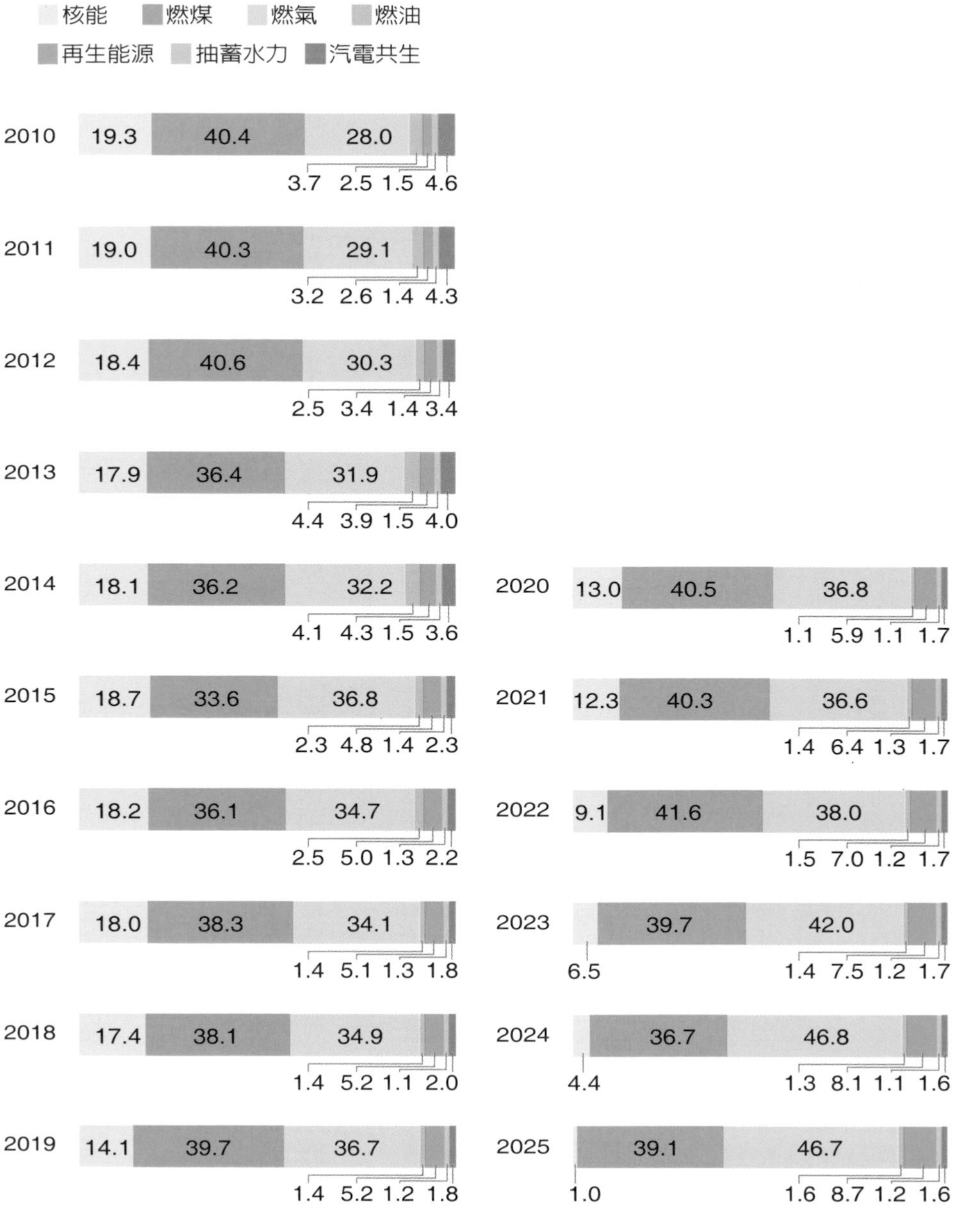

核能 燃煤 燃氣 燃油
再生能源 抽蓄水力 汽電共生
2010 19.3 40.4 28.0
3.7 2.5 1.5 4.6
2011 19.0 40.3 29.1
3.2 2.6 1.4 4.3
2012 18.4 40.6 30.3
2.5 3.4 1.4 3.4
2013 17.9 36.4 31.9
4.4 3.9 1.5 4.0
2014 18.1 36.2 32.2
4.1 4.3 1.5 3.6
2015 18.7 33.6 36.8
2.3 4.8 1.4 2.3
2016 18.2 36.1 34.7
2.5 5.0 1.3 2.2
2017 18.0 38.3 34.1
1.4 5.1 1.3 1.8
2018 17.4 38.1 34.9
1.4 5.2 1.1 2.0
2019 14.1 39.7 36.7
1.4 5.2 1.2 1.8
2020 13.0 40.5 36.8
1.1 5.9 1.1 1.7
2021 12.3 40.3 36.6
1.4 6.4 1.3 1.7
2022 9.1 41.6 38.0
1.5 7.0 1.2 1.7
2023 39.7 42.0
6.5 1.4 7.5 1.2 1.7
2024 36.7 46.8
4.4 1.3 8.1 1.1 1.6
2025 39.1 46.7
1.0 1.6 8.7 1.2 1.6

核四封存，停工不停建

二〇一四年四月，在民進黨前主席林義雄禁食反核四的壓力下，政府宣布封存核四，核四廠一號機在完成安檢後封存，二號機則是停工後封存。

行政院長江宜樺指出，核四封存是停工不停建，他表示：「核四廠這些機組的封存跟停工，並不是停建核四、更不是廢棄核四。」

封存核四，台電躲過破產危機

台電董事長黃重球說，核四封存是為台灣未來供電穩定與台電生存「保留一線生機」。經濟部次長杜紫軍說，核四暫列為台電資產，代表台電暫時不用認列二八四八億元建廠損失，可望躲過破產危機。

杜紫軍說，若立即廢核四，台電就必須認列近三千億的建廠損失，加上台電目前已虧損的二千億，超過台電的資本額三千三百億，台電面臨破產。

黃重球指出，台電對核四的態度與立場已經表達得很清楚，會依照政府指示辦理，會接受封存的結果，是因為若立即廢核四，台電就要破產，這將直接影響國家供電穩定與安全。

黃重球說，封存核四等待公投決定核四命運，這為台灣供電穩定與台電生存保留一線生機，從此點來看，台電贊成政府的決議。

政府確定核四封存的方向後，台電展開封存評估，由於過去國內沒有封存核電廠的案例，台電要先研究日本、美國與加拿大封存核電廠的經驗，再提出完整的封存配套方案。

缺乏技術，台電參考美、加、日經驗

台電核四封存計畫初步敲定，在二〇一五年完成核四一號機安檢與電廠封存前置作業

政府決定核四封存將使台電與核四承包商出現合約糾紛，但另一方面廠商也開始爭搶封存商機，近日已有相關廠商拜會台電了解封存計畫。

核四在二〇〇七年時曾執行過類似電廠封存作業的管路沖洗作業，當時是參考日本經驗，工程界預料東芝等日商將會在核四封存商機中搶得先機。

根據台電的核四封存草案規畫期程，台電在二〇一四年完成核四封存草案與品保計畫後送交原能會，預估原能會在年底前完成審查。

台電指出，原能會審查通過核四建照展延與封存品保計畫後，最快二〇一五上半年展開核四封存的前置作業。

立法院要求台電提出核四機組五年、十年與十五年等不同長度的封存時間計畫，台電表示此部分規畫較複雜，還需時間研究。

經濟部與台電討論核四的封存費用，若以核電每度〇．一五元到〇．

點二元的運轉維護費用，核四兩部機組一年預估發電量二百七十億度，推估核四封存一年約需四十到五十餘億元支出。

經濟部官員表示，核電廠整廠封存案例罕見，實務上多只有局部封存，如反應爐與核心管線封存。整廠封存工程浩大，例如扮演電廠心臟角色的儀表控制系統，封存期間需保持通電，以保持性能。

官員說，原本核四試運轉測試就包括封存步驟，設備安裝完畢後，因應未來可能長期封存，會先清洗管路避免鏽蝕，目前是由日本東芝擔任主要顧問。

二〇〇七年核四就有封存前例，當時東芝就是得標廠商。二〇〇六年台電也曾派員赴日本學習封存技術。台電主管點出不少問題，包括部封存設備國內無相關規格，台灣缺乏封存工安管理和擬定封存程序書的經驗。

良好封存維護，確保未來仍可商轉

行政院核能研究所所長馬殷邦指出，封存核四必須做好配套，才能確保將來核四要啟動商轉時，「打開冰箱（核四），裡面的食物（核四機組）還是好的」。

馬殷邦表示，從工程的角度來看，核四若要暫時擱置不運轉，但將來還有啟動商轉的考量，就必須做好封存維護。

馬殷邦說，國內雖無核電廠封存經驗，但國外已有類似案例，電廠封存大致可以分為兩類型，一種是電廠以試運轉或小功率運轉方式讓電廠維持基本性能；另一種則是將電廠重要機具設備拆除後保存。

馬殷邦指出，核電廠完工若暫時不商轉，但將來還有運轉的規畫，「不能把電廠大門鎖上離開後就當作沒事」，因為包括發電機等關鍵零組件可能受重力影響，長時間不運轉會損害機件，將來要再上線發電，要花費大筆金額修復。

雖暫時擱置，未來重啟費用可觀

他形容，核電廠擱置不運轉的維護工作的重要性，就如同要確保冰箱的冷凍功能沒問題，將來電廠重啟時，「冰箱裡的食物（電廠零件）不能壞光光。」

從國外核電廠封存再啟動的經驗來看，單一機組重新啟動的花費高達十八億美元（約台幣五百四十億），且耗時三到四年，顯示核電廠封存再啟動花費的時間與費用很可觀。

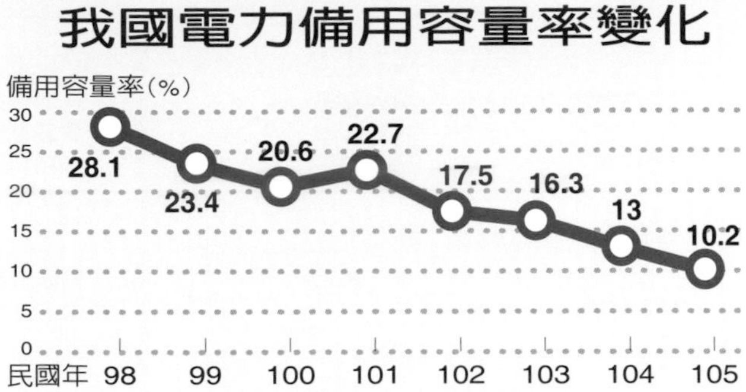

註民國103年以後數據為台電預估值
資料來源經濟部、台電　製表／王茂臻　■聯合報

拿出數據！台灣的電究竟夠嗎？

台塑董事長李志村說，核四僵局遲遲未解，政府與台電除了要說明核四的風險外，也應說清楚各種替代方案對電力供應與電價的影響，這樣民眾才能選擇，企業才能評估是否要在台灣投資，「沒說清楚，人民如何選擇？」

近年核四爭議曾一度讓馬英九總統動怒，指責經濟部與台電在核四議題上的各種數字講不清楚；環團也批評政府對於用電量成長、電價方案的評估常失準，綠色公民行動聯盟指出，沒有核四就會缺電的假設，是建立在台電對未來用電成長不切實際的規畫。

從近十年我國電力備用容量率變化可以看出，政府與台電對電力需求成長的預測，確實有失準之虞。

過去十年我國備用容量率年年都超越政府規定下限，其中更有六年備用容量率超過二十％，最高一度達到二十八．一％，遠高於當年十六％的目標值。

備用容量率愈高，雖然代表缺電風險降低，但另一方面也代表電力投資的浪費。

環團指出，政府以缺電為由，堅持推動核四商轉，但從這幾年的數據來看，台灣不僅電夠用，「甚至是電太多」；加上台電過去對我國電力需求成長預估常判斷錯誤，政府有必要對民眾講清楚，台灣的電究竟夠不夠用。

電廠分布 ● 已運轉 ○ 未完工

單位:萬瓩

新北市

能一廠	127.2
能二廠	197
能四廠	270
澳更新	160
山電廠	11.1
門風力	0.4
口更新	160
口電廠	60

新竹市

山風力	1.2

宜蘭縣

陽電廠	2.6

桃園縣

觀園風力	3
大潭電廠	438.42
大潭風力	1.51
石門電廠	13

基隆市

協和電廠	200

金門縣

塔山電廠	6.46
金沙風力	0.4
金沙光電	0.05

料來源台電　　製表王茂臻

台中市

台中港風力	3.6
台中電廠	578
台中風力	0.8
大甲溪電廠	114.2

苗栗縣

通霄電廠	181.5
卓蘭電廠	8

雲林縣

麥寮風力	4.6
四湖風力	2.8

南投縣

萬大電廠	3.6
大觀電廠	111
明潭電廠	166.61

彰化縣

彰工風力	6.2

花蓮縣

東部電廠	18.3

高雄市

高屏電廠	0.75
興達電廠	432.6
南部電廠	111.8
大林電廠	240

屏東縣

核能三廠	190.2
恆春風力	0.45

澎湖縣

中屯風力	0.48
湖西風力	0.54
尖山電廠	12.98

台南市

曾文電廠	5

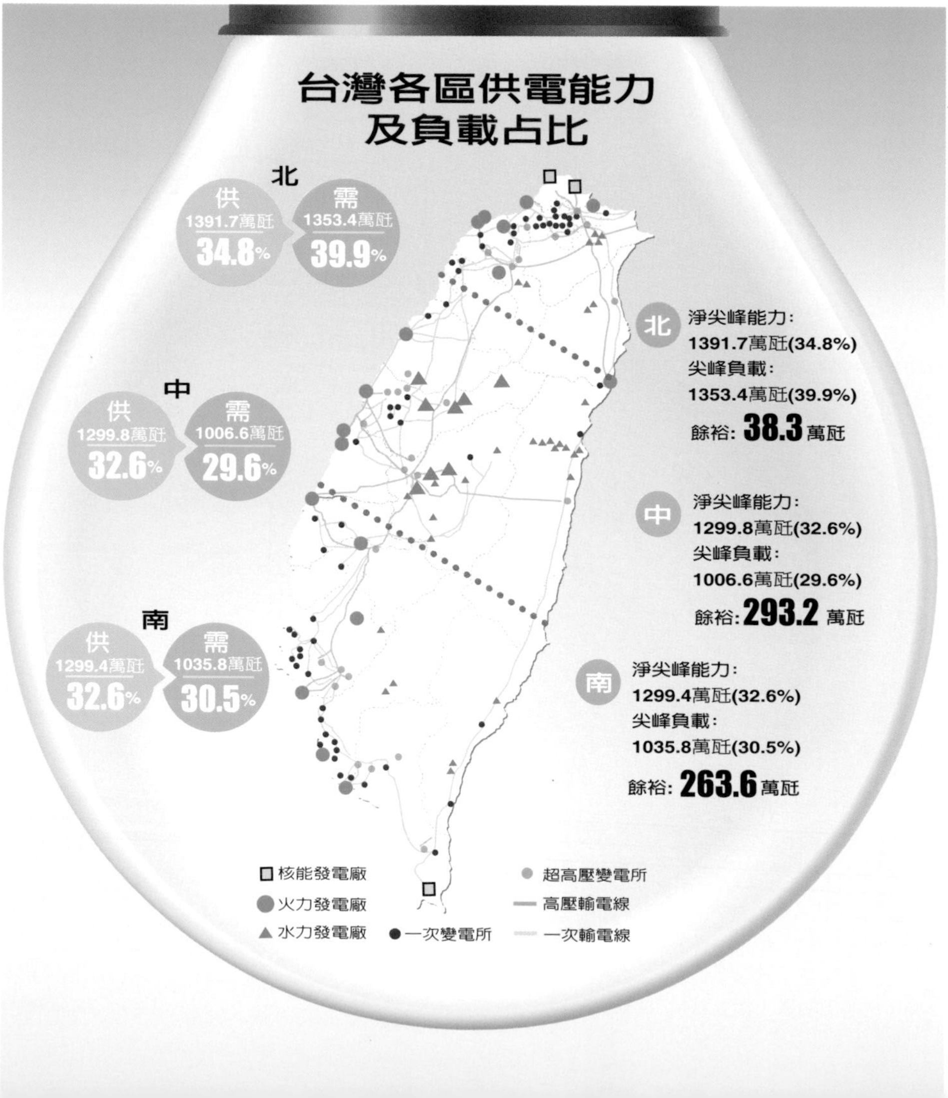

環團指出，政府曾在民國九十六年時，計畫在北部新增一座天然氣發電廠，但後來又以電夠用為理由，暫緩核發電廠執照。環團質疑，若真如政府所言，不蓋核四北台灣會缺電，為何又暫緩在北部設立天然氣發電廠？

台電高層坦承近年對於我國中長期電源開發預估「做得非常辛苦」，但這是因台電要依據政府做的經濟成長率預估，評估未來的電力需求，「政府的經濟成長率預估失準，台電的電力評估方案也受牽連。」

台電指出，過去十年我國電力供應確實很有餘裕，但電力充裕的好光景已過去。

根據台電尚未曝光的數據顯示，去年我國電力備用容量率為十七·五％，雖然高於政府規定的十五％，但這卻是過去六年來的最低值，也是六年來我國備用容量率首度跌落二十％大關。

台電高層說，二〇一五年我國備用容量率預估值是十四·四％，不但低於政府規定的十五％下限，且這項預估值是以明年七月核四一號機能商轉為前提。從二〇一三年開始，我國備用容量率預估會連四年走低，國內供電餘裕已開始拉警報。

非核家園？推動節電＋再生能源

綠色公民行動聯盟指出，依照目前國際能源燃料與總體能源政策趨勢，包括台灣在內，全球都將面對高能源價格時代，和要不要廢除核電沒有關係；台灣要找到能源使用的出路，必須推動政策性的節能。

綠色公民行動聯盟副秘書長洪申翰說，政府過度信賴核電對台灣供電的重要性，但事實上台灣未來是否會缺電，不是取決於有多少座電廠，而是對未來用電需求的規畫。

洪申翰指出，政府低估再生能源的技術並自我設限，實際上再生能源的技術已更趨成熟，成本也快速下降，如果把化石燃料與核電的外部成本考量進去，再生能源的競爭力並不會比較差。

綠色公民行動聯盟的研究指出，若台灣改以用電需求零成長為目標，使二〇二五年的用電量維持在二〇一〇年的水準，且發揮台灣的再生能源潛力，使其發電量可達到官方規畫的一．八三倍，並增加天然氣發電廠，台灣不但可做到非核家園，同時可降低對燃煤電廠的依賴。

除了發展再生能源，節電是另一個台灣邁向非核家園的關鍵之鑰。綠色公民行動聯盟引用國科會的報告指出，全國有五百四十八萬台開飲機，每年消耗相當於三分之一座核能機組的發電量，約使用高達三十一億度的電，若能將開飲機換成快煮壺，可省下大量的電力消耗。

台中高美濕地成排的風力發電機。

屏東核三廠內的太陽能發電機組。

洪申翰說，與其他國家相較，台灣的能源效率至少還有一倍以上的進步空間，藉由政策提升能源效率標準、課徵能源稅與調整產業結構，可以兼顧經濟發展及電力需求零成長的目標。

未來的選擇？

工研院說

不論選那個路徑，在現實環境都要付出不同的代價。為了保障能源安全穩定，能源多元組合是必要的，核能與綠能並不衝突，都是選項

核安悍將林宗堯說

反核人士總愛批評核一、二、三廠老舊，其實它一點不老舊，它一直在更新零件

經濟部長張家祝說

核四若無法及時商轉，核一、二、三廠就要延役，我們沒有其他選擇

環團說

未來即使使用核電，電價仍會提高。政府應規畫產業調整及節能配套措施，而不是一面漲電價，一面卻任由產業奢侈用電

未來的選擇？考慮核一、二、三廠延役

核四安全檢測預訂六月底完成，核四能否及時安全商轉，牽動核一、二、三廠能否如期除役。經濟部長張家祝接受本報專訪時表示，目前的台灣沒有廢核的條件，沒有選擇，沒有低成本的替代能源可以取代核電；他並拋出，支持核一、二、三廠延役的能源政策想法。

換言之，為避免限電風險，維繫台灣電力系統生命線的穩定，並維持低電價，有實績支撐的核一、二、三廠延役，似有可能成最大公約數。

「核四若無法及時商轉，核一、二、三廠就要延役，我們沒有其他選擇。」張家祝嚴肅地說，就算民眾接受高電價，同意興建天然氣接收站及電廠，興建期至少十年，也接不上來，勢必出現缺口；反核團體有非核家園的理想，政府予以尊重，政府卻不能讓缺電情況發生，更不該兩手一攤說「全民一起承擔後果」，政府必須負責任地確保供電穩定，並且提供人民可以負擔得起的電價。

核四安全，年中完成檢測

張家祝表示，對經濟部來說，確認核四的安全是首要之務，無需考量其他政治因素。經濟部今年中完成安全檢測報告後，將向原能會申請試運

核四安全檢測報告預訂九月送原能會審查，目前確定今年內不會裝填燃料棒、進行試運轉。核四能否如期商轉，牽動核一廠能否退役。

台中火力發電廠。

轉，原能會將再組專家團隊再進行檢查，決定是否核可、是否發出執照；若原能會不發出執照，台電就不能插燃料棒，不能試運轉。

張家祝表示，對於核一廠的除役和延役，台電都有準備工作，核四若能如期商轉，核一就能除役；若核四不能如期商轉，要慎重考慮核一、二、三延役；根據備用容量率的評估，核四若無法商轉，核一、二、三又延役，會降到百分之七以下，出現高度限電風險；換言之，核四能否如期商轉牽動核一廠延役或除役，希望兩件事能及早做決定，以避免限電風險。

核一延役，缺電壓力大降

「我贊成核一、二、三廠延役，反核人士雖然挑毛病，但核一、二、三廠營運績效在國際上被認可，排名非常前面，運轉幾十年下來，已經有充分經驗。」張家祝說，外界既然對核四有那麼多疑慮，那麼就應讓核四有充容時間進行檢視，「何不將大家原本就有把握、有信心的系統（指核一、二、三）延役？」

他進一步指出，在美國，一半以上機組都延役，核能發電在實務上已很成熟，延役成本也較低，如果核一廠能先延役，可為台灣爭取更多時間，就不會有供電不穩、缺電的壓力。

經濟部長張家祝：在美國，一半以上機組延役，延役成本也較低。

核廢處理，將會加速推動

張家祝也指出，核電唯一被挑戰的是核廢，但這不是技術問題，更多是政治問題。對於高放射永久處理，現有技術，也有設備，並有一些國家從事核廢處理。經濟部將成立專案辦公室，加速推動核廢處理，包括境內及境外兩個方向同時進行。

他表示，全世界有那麼多國家使用核能，「就算沒有核電，醫療也有核廢要處理，這是全世界問題，一定會解決」。

因應核四可能無法如期商轉，經濟部除了考量推動核一廠延役，亦針對以天然氣和再生能源來替代核四，重新進行分析。張家祝表示，在日本零核電後，只有用天然氣來替代這項選擇，但天然氣在美國產地價可能只有三美元，但經過液化、運輸到台灣，就是要十五美元。

再生能源，發電看天吃飯

至於民眾寄予厚望的再生能源，張家祝指出，就算再生能源極大化，到二〇二五年最多就是九%，而且還要看天吃飯，有風有太陽才有電，在儲電技術未有突破前，再生能源無法成為基載電力，穩定供電。

他指出，不論是以天然氣或再生能源來替代核四，都將造成高電價，「再生能源一度八元」，一方面民眾都支持發展再生能源，一方面民眾卻又不願意面對高電價的問題，甚至有理想的環保人士是否願意付出高電價，都令人懷疑。」

「目前的台灣，沒有廢核的本錢，」張家祝語重心長地表示，核一、二、三不延役，核四不商轉，「只有限電」；在未來三十年內，看不到一種穩定又便宜的替代能源，民眾不要核電，又希望電價便宜，「除非在台灣發現頁岩氣，但這是不可能的事。」

張家祝表示，如果有一天，民眾願意接受較高電價，二氧化碳排放量又可以獲得解決，台灣就可以大量以天然氣及再生能源來替代核電。「這是價值的選擇，我們要自己發電或依靠別人？我們要乾淨或是便宜的電？這都是價值的選擇。」

核一、二、三不斷在更新零件

在馬總統確定核一、二、三廠如期除役政策後，有核安悍將之稱的林宗堯，雖對核四疑慮，卻贊成核一、二、三廠延役。

林宗堯說，核電廠延役，並不是說運轉四十年後仍繼續運轉，而是要先停下來大整修，換新零件，估計要一年半時間後，然後再運轉二十年；就好一台賓士車開了十年，要送回原廠換零件一樣。此外，每隔一段時間核電廠都會大修，不斷更新零件。

林宗堯說，反核人士總愛批評核一、二、三廠老舊，「其實它一點不老舊，它一直在更新零件」。

林宗堯說，他支持核一、二、三廠延役，有三大理由。首先，核四廠是世界獨一無二設計，是「中華一號」，須要更充足時間去一一檢視安全；相較之下，核一、二、三廠猶如波音七三七客機是「原裝進口」標準廠，過去營運紀錄良好，且美國已有多座同類型核電廠延役，延役若有問題，美國會先發生，台灣跟著走較安全。

林宗堯表示，美國發現大量頁岩氣，便宜到足可以替代核能，但美國仍讓大部分核電廠延役；對於各國核電廠延役規範，向來謹慎保守的原能會不僅照單全收，還會要求得更嚴格。

他比喻，「國外波音七三七（意指核一至三廠同類型核電廠）還滿天飛，

核安悍將林宗堯：台灣核電廠只要安全無虞，不應該就這樣把它丟了。

台灣核電廠只要安全無虞，我們不應該就這樣把它丟了。」美國目前已有延役例子，台灣跟在後面照樣改正、更新，安全性很高。「你把核一、二、三廠除役，反而是開世界先例」。

他強調，我們對核電廠，要的是穩定和安全，當老二、老三主義就好，不要強出頭。

其次考量經濟，林宗堯表示，核一、二、三廠延役，只要投入六百至八百億元經費，卻可以發電二十年，產生八千億度電，經濟效益高達數兆元，「算盤一打，實在划算」。

第三，台電經營核一、二、三廠有很好安全紀錄，已培養一群經驗豐富的核電人才；反核人士要抓核電廠毛病，一定都抓得到，但這些小瑕疵都並不影響安全，二、三十年來核一、二、三廠並沒有令人擔憂的核安問題。

林宗堯也提醒，核一廠一號機將在二〇一八年除役，距現在只有四年時間，必須趕快展開延役作業，留住、並培養核電廠人才；除了機械設備維修，人才更是確保核安的要素，切不可讓台灣核電人才出現斷層。

電價偏低……電價不漲有可能嗎？

包括德國、日本等廢核或減核的國家，近年都面臨電價上漲、民怨四起的代價；台灣電價近年因凍漲未能完全反映國際燃料價格走揚，不但讓國內民眾不能正視我國能源情勢，連帶影響替代能源發展，我國要擺脫核依賴，難度更高。

台塑董事長李志村指出，核四爭議不在於支不支持的問題，而是選擇的問題；台灣自產能源比重極低，若不用核能，也不接受調漲電價，「那就是講爽的，不負責任」。

南亞光電董事長王文潮指出，台灣電價偏低，「小偷在路邊偷電，也不會引起太多人注意」。王文潮說，國外的ＬＥＤ照明市場發展得很快，日漸高昂的電價是一個關鍵因素，台灣電價若持續未能反映真實成本，不利節能相關產業的發展。

中華經濟研究院研究員溫麗琪也說，台灣電價偏低，造成國外知名的綠能企業不願來台投資。

近二年台電兩度調漲電價，遭致極大反彈；但對台電而言，若沒有核電作為基載電力，不僅電力調度會出問題，電價成本也會大幅增加。

經濟部官員說，中長期來看，若台灣要維持合理電價，不僅核四必須商轉，三座既有的核電廠延役，也有助降低總體發電成本。

經濟部官員指出，政府建置了「台灣二〇五〇能源供需情境模擬器」，提供民眾自行上網模擬各種供電情境對我國電力供應與電價的影響。官員透露不少反核團體也曾上此網站試算，若不要核電，每度電價一定會超過四元。

各國電價

國名	民生電價（度新台幣元）	工業電價（度新台幣元）
中國大陸	2.22	2.89
墨西哥	2.67	3.40
台　灣	2.72	2.52
馬來西亞	2.76	2.87
南　韓	3.25	2.45
泰　國	3.42	3.05
美　國	3.52	1.98
香　港	3.90	3.01
法　國	5.18	3.44
智　利	5.49	3.75
捷　克	5.89	4.29
匈牙利	6.05	3.90
英　國	6.54	3.97
新加坡	6.61	4.91
瑞　典	6.63	2.64
紐西蘭	6.86	2.79
菲律賓	7.75	5.49
日　本	8.20	5.75
德　國	10.03	4.40
丹　麥	11.35	3.08

註1. 中國大陸為2010年資料，馬來西亞為2011年資料，其餘為2012年資料。
資料來源國際能源總署（IEA），
Electricity information 2013版

產業呼籲：適度調漲國內電價

漲電價，人人都不愛。國內產業界卻反向呼籲：為了產業轉型，為了台灣，政府應適度調漲國內電價，讓國人及企業及早適應高電價時代。

去年，有位經貿外交官為了招商，特地拜訪一家全球知名傢俱大廠，詢問該跨國公司在全球布局上如何思考台灣的角色；對方竟直白地表示，因為台灣電價很便宜，他會把最耗能的生產線放在台灣。這位經貿外交官聽後傷心又氣憤，如此欺負台灣，他決定不再上門買這家公司的家具產品。

調高電價，可促使產業轉型

台灣能源價格太便宜，致不利產業升級，也無法吸引高附加價值生產線。

「低電價、低水價，只會把台灣自己搞砸。」一位高科技大廠主管語重心長地說，台灣電價太便宜，致民間企業和老百姓也不在乎，政府必須適度調高電價，有些效率差的產業或企業，就會自己去轉型，慢慢就會淘汰掉，「健康地淘汰掉。」

他說，政府政策不應媚俗，必須要適度調漲電價，調多少，如何調，可以討論；產業界了解電價調漲趨勢後，也需要時間去轉型、因應，企業老闆和員工都需要時間調整。政府有責任做出對的能源政策，讓企業轉型。

華邦電子董事長焦佑鈞表示，「廢核與低電價不可能同時發生，大家應早日面對高電價的事實」。他還說，電價調漲企業必然會提高經營壓力，經營事業就必須要承擔能源成本，企業不能靠政府補貼維持競爭力，而是要靠不斷的創新，創造價值。

無論核四是否商轉，電價上漲是趨勢

在漲電價這件事上，向來涇渭分明環保和產業竟站在同一陣線。綠色公民行動聯盟副秘書長洪申翰表示，現已可預見，未來電價只會提高，且提高幅度不低，即使使用核電，電價一定會提高；換言之，核四商轉與否，對電價差異是很小。

綠盟支持電價合理反映成本，全球資源日漸稀少，政府同時應規畫產業調整及節能配套措施，引導產業節電，而不是一面漲電價，一面卻任由產業奢侈用電。

能源配比，核能、綠能都是選項

如果你是台灣政策決策者，台灣能源該如何配比？你希望將台灣往那個方向？打開工研院「My 2050—台灣二〇五〇能源供需情境模擬器」，馬上就會得到未來的台灣會是什麼情景。

例如，經濟成長選中度，並將核能降至零（即核四不商轉，核一、二、三如期除役），風力和太陽能發電選擇C情境，（即「前瞻」，意味比積極更積極），煤則選B情境（即「積極」），螢幕上立刻跳出「備用容量率過低」的警告，並顯示出屆時台灣每度電價來到五．〇四元，碳排放量是二百一十八百萬公噸，較二〇〇〇年成長一〇六％。

工研院自英國引進模擬器，並整合台灣能源實際現況，以及能源、經濟及減碳成本等資料庫，讓一般民眾設計自己的能源路徑，並能立即得知該路徑的限制。使用者的路徑只要可行，還可以上傳，供各方討論。工研院廣發英雄帖，歡迎各方人士來模擬路徑，為台灣能源政策找出最佳路徑。至今已累積兩萬多條路徑。

「希望透過資訊公開，以中立公正的平台，讓各界人士，對於未來能源發展，有共同對話的基礎。」工研院綠能所副所長胡耀祖表示，最重要的是要體現，「不論選那個路徑，在現實環境都要付出不同的代價，必須要做很多努力才能達成。」

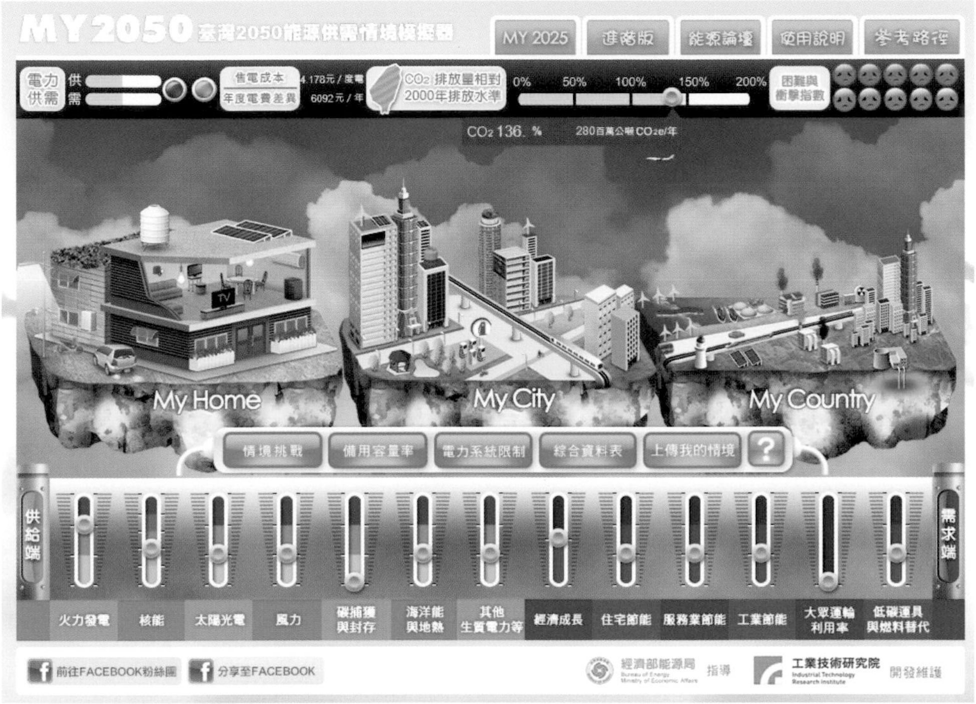

台灣2050能源供需情境模擬器互動畫面。擷取自工研院網頁。

在氣候變遷下，多元能源、能源配比，現為已開發國家在思考能源政策的主軸。全球第一個喊出綠能的國家瑞典，曾在一九八二年通過核電公投，要求政府在未來三十年內完全廢核；然而，三十年過去了，瑞典核電比例仍占三十八．四％，再生能源占五十六．二％，其中水力發電占四十四％，瑞典人民決定與核電共存，達到零排碳量。

擁有豐富風場的英國，為了在二〇五〇年以前將溫室氣體排放量降到一九九〇年的二十％，將核電、再生能源與二氧化碳捕捉與封存（CCS）列為電力供應的三大核心，為了減碳，再生能源與核電在英國攜手合作，共生並存。

眼前台灣，尋找核電與再生能源最佳配比，對全民才是最有利的平衡點。胡耀祖表示，為了保障能源安全穩定，能源多元組合是必要的，核能與綠能並不衝突，都是選項，都是為了自主能源供應。

圖解

明天的電，核去核從

2014年7月初版　　定價：新臺幣490元

		企劃撰文	聯合報編輯部
		發行人	林載爵
出版者	聯經出版事業股份有限公司	叢書主編	李佳姍
地址	台北市基隆路一段180號4樓	文字	王光慈
編輯部地址	台北市基隆路一段180號4樓		王茂臻
叢書主編電話	(02)87876242轉229		江睿智
台北聯經書房	台北市新生南路三段94號		盧沛樺
電話	(02)23620308		蕭白雪
台中分公司	台中市北區崇德路一段198號	封面設計	廖韡
暨門市電話：	(04)22312023		
台中電子信箱	e-mail：linking2@ms42.hinet.net		
郵政劃撥帳戶	第0100559-3號		
郵撥電話	(02)23620308		
印刷者	文聯彩色製版印刷有限公司		
總經銷	聯合發行股份有限公司		
發行所	新北市新店區寶橋路235巷6弄6號2樓		
電話	(02)29178022		

行政院新聞局出版事業登記證局版臺業字第0130號

本書如有缺頁，破損，倒裝請寄回台北聯經書房更換。　　ISBN 978-957-08-4415-3 (平裝)
聯經網址：www.linkingbooks.com.tw
電子信箱：linking@udngroup.com

國家圖書館出版品預行編目資料

明天的電，核去核從/聯合報編輯部企劃撰文．
初版．臺北市．聯經．2014年7月（民103年）．360面．
17×23公分（圖解）
ISBN 978-957-08-4415-3（平裝）

1.核能發電

449.7　　103011214